职业教育工业机器人技术专业"十三五"规划系列教材

基于HAL的机器人运动控制教程

安 峰 陶文寅 / 主编

U0316797

中国铁道出版社有限公司
CHINA RAILWAY PUBLISHING HOUSE CO., LTD.

内 容 简 介

本书主要介绍机器人运动控制的相关知识，从软硬件两方面讲述如何使用 STM32+HAL 的方式来控制机器人运动。本书基于集成了驱动模块的机器人控制板重点介绍 STM32 电机控制的相关理论与实践知识，以案例的形式展开教学内容，并内嵌电路原理图、PCB 板图以及源代码等，是动手实践 STM32 的一个很好的选择。

本书主要目的是让初学者能够综合运用 STM32 从无到有地做出一件产品。读者通过本书的学习与实验，可以轻松地掌握 STM32 开发工具以及基本编程方法，学会借助于 STM32CubeMX 来降低项目的开发复杂度。

本书适用于高等职业院校机器人相关专业大一、大二学生，不特别要求有模拟电子技术和数字电子技术方面的基础，但要求有比较扎实的 C 语言功底，能够比较熟练地使用 C 语言当中的数组、指针和结构体等知识。

图书在版编目（CIP）数据

基于HAL的机器人运动控制教程/安峰，陶文寅主编.—北京：
中国铁道出版社有限公司，2020.8
职业教育工业机器人技术专业"十三五"规划系列教材
ISBN 978-7-113-26992-0

Ⅰ.①基… Ⅱ.①安… ②陶… Ⅲ.①机器人-运动控制-职业
教育-教材 Ⅳ.①TP242
中国版本图书馆CIP数据核字(2020)第105953号

书　　名：基于 HAL 的机器人运动控制教程
作　　者：安　峰　陶文寅

策　　划：汪　敏　　　　　　　　　　　　编辑部电话：(010) 51873628
责任编辑：汪　敏　彭立辉
封面设计：郑春鹏
责任校对：张玉华
责任印制：樊启鹏

出版发行：中国铁道出版社有限公司（100054，北京市西城区右安门西街 8 号）
网　　址：http://www.tdpress.com/51eds/
印　　刷：北京柏力行彩印有限公司
版　　次：2020 年 8 月第 1 版　2020 年 8 月第 1 次印刷
开　　本：880 mm×1 230 mm 1/16　印张：11.5　字数：271 千
书　　号：ISBN 978-7-113-26992-0
定　　价：36.00 元

为了更高效地学习机器人的开发知识，我们设计并编写了相关的教材，内容涉及 C 语言入门、STM32 开发基础、STM32 开发案例、机器人操作系统 ROS 等。这些教材都配有相关视频、开发板以及传感器等。本书集中介绍的是机器人的控制系统：从硬件、软件两方面讲述如何使用 STM32 来控制机器人的运动。本书是对 STM32 开发知识的一次综合应用，为了知识结构的完整性，在本书开头增加了一些如软件安装、流水灯等基础案例章节。对于已经学习过 STM32 HAL 库开发的读者，可以直接略过这些基础知识，跳到第 7 章开始电机控制方面的学习。

作为一本讲述如何使用 STM32 驱动机器人的教材，本书尽量减少理论方面的讲解，尤其避免了照搬芯片手册和技术文档的做法，而是以实际案例的形式，将 STM32 的开发知识融入实际的控制项目当中。本书提供了完整的机器人控制板的原理图、PCB 和源代码，并在书中基于这些案例进行分析。学习完本书后，读者可以依照书中的原理图定制实现自己的机器人控制系统，实现对所学知识的实际应用。

近些年，随着 STM32 的日益广泛应用，STM32 工程师岗位的需求也越来越多，但是学习 STM32 与学习传统的单片机的方法并不相同，这主要是因为 STM32 的库函数，在提供了巨大方便的同时，也会让学习者进入"不知所以然"的境地。所以，通过开发一套控制机器人的系统，采用 STM32 的知识从无到有地搭建一套系统，就可以非常高效地掌握相关知识，满足相关岗位就业的要求。

本书采用了 HAL 库开发方式，主要的编程环境是 Keil MDK（后文简称 MDK）+STM32CubeMX（后文简称 MX）。MX 是一个全面的软件平台，包括 ST 产品的每个系列。MX 是由意法半导体公司（后文简称 ST 公司或 ST）原创倡议，旨在减少开发负担、时间和费用，为开发者提供轻松的开发体验。本书内容覆盖了 STM32 全系列，其中 STM32CubeMX 是上位机配置软件，可以根据使用者的选择生成底层初始化代码。硬件抽象层（HAL）是 MX 配套的库，HAL 库屏蔽了复杂的硬件寄存器操作，统一了外设的接口函数（包含 USB/ 以太网等复杂外设），代码结构强壮，已通过 CodeSonar 认证。同时，HAL 还集成了广泛的例程，可以运行在 ST 公司的开发板上。

本书配套有独立开发的机器人控制系统，采用了 STM32F103 芯片。与传统的单片机开发板不同的是，我们将电机驱动模块集成在这块控制系统当中，用户只需要引出接线到电机插口上即可实现硬件的组装，极大地提高了机器人控制的集成度。

本节主要内容如下：

第 1 章是对 HAL 库的基本介绍，读者可以通过阅读本章了解 HAL 的相关信息。

第 2 章是对软硬件平台的介绍，软件平台主要介绍了 MDK 和 MX 的安装与配置，其他如串口助手、字模软件等小软件由读者自己去使用即可；硬件平台是独立开发的机器人控制系统，包括控制板和控制底盘、轮子等。

第 3 章～第 7 章是对一些基础案例的回顾，采用 HAL 库开发方式，如果读者已经对 STM32 的基础开发比较熟悉，可以略过这些章。

第 8 章～第 14 章分别介绍了 STM32 定时器、电机的控制原理、测速与运动控制等，是本书的核心内容。

本书的最重要目标是让初学者能够综合地运用 STM32 知识做出一件产品。读者通过本书的学习与实验，可以轻松愉快地掌握 STM32 开发工具以及基本编程方法，学会借助于 MX 来降低项目的开发复杂度。

由于时间仓促，编者水平有限，书中难免存在疏漏与不妥之处，恳请读者批评指正。

编　者

2020 年 2 月

CONTENTS 目 录

第1章 STM32 与 HAL 库介绍 1

1.1 STM32 简介 1
1.2 STM32 硬件设计 1
1.3 STM32 软件编程 2
    1.3.1 寄存器编程 2
    1.3.2 标准外设库编程 2
    1.3.3 HAL 库编程 2
1.4 HAL 库特点 3
1.5 学习方法 4
习题 5

第2章 软硬件平台 6

2.1 硬件平台 6
    2.1.1 控制板 6
    2.1.2 底盘 7
    2.1.3 电池 8
2.2 软件安装与配置 9
    2.2.1 Keil 安装 9
    2.2.2 MX 的安装和使用 16
    2.2.3 Keil 5 软件的使用 28
    2.2.4 程序编译和下载 33
习题 36

第3章 流水灯 37

3.1 理论介绍 37
    3.1.1 引脚分类 37
    3.1.2 端口 Port 39
    3.1.3 GPIO 简介 39
    3.1.4 GPIO 模式配置 39
    3.1.5 HAL 库函数 40
3.2 硬件设计 40
3.3 软件设计 41
    3.3.1 软件编程思路 41
    3.3.2 MX 生成工程 41
    3.3.3 关键代码分析 48
习题 54

第4章 按键－轮询检测 55

  4.1 硬件设计 55
  4.2 消抖 56
  4.3 软件设计 57
      4.3.1 软件编程思路 57
      4.3.2 MX 生成工程 58
      4.3.3 关键代码分析 60
  4.4 实验现象 60
  习题 60

第5章 按键－外部中断检测 61

  5.1 中断 61
      5.1.1 中断的概念 61
      5.1.2 NVIC 简介 62
      5.1.3 优先级分组 62
      5.1.4 NVIC 库函数 62
      5.1.5 外部中断 EXTI 66
      5.1.6 外部中断处理流程 66
  5.2 MX 生成工程 66
  5.3 软件设计 68
      5.3.1 外部中断初始化 68
      5.3.2 外部中断的中断处理函数 70
  5.4 下载运行 72
  习题 72

第6章 串口通信 73

  6.1 串行通信介绍 73
  6.2 串口通信协议 74
  6.3 硬件原理图 75
  6.4 F103RC 串口 76
  6.5 MX 生成工程 76
  6.6 串口应用案例 78
      6.6.1 简单发送接收 78
      6.6.2 printf 与 scanf 79
      6.6.3 接收帧解析 79
      6.6.4 接收定时解析 80
  习题 82

第 7 章	集成电路总线（IIC）	83
7.1	IIC 概述	83
	7.1.1　IIC 简介	83
	7.1.2　IIC 协议	83
7.2	硬件设计	85
7.3	软件设计	85
	7.3.1　GPIO 初始化	85
	7.3.2　IIC 时序信号	86
7.4	IIC 接口应用案例——EEPROM 应用 IIC 接口	88
	习题	92

第 8 章	电机分类与原理介绍	93
8.1	电动机分类	93
	8.1.1　有刷直流电机	94
	8.1.2　无刷直流电机	95
	8.1.3　伺服电机	95
	8.1.4　步进电机	96
	8.1.5　舵机	96
8.2	三个基本定则	97
	8.2.1　左手定则	97
	8.2.2　右手定则	97
	8.2.3　安培定则	98
8.3	直流电机工作原理	98
	8.3.1　构成	99
	8.3.2　电动势与能量转换	99
	习题	99

第 9 章	直流减速电机控制	100
9.1	直流减速电机介绍	100
9.2	电机驱动	102
	9.2.1　驱动器	103
	9.2.2　H 桥电路分析	104
	9.2.3　PWM 作为控制信号	105
9.3	常见电机驱动方案	107
	9.3.1　L298N 驱动芯片	108
	9.3.2　BTS7970 驱动芯片	110
	9.3.3　IR2104 驱动芯片	110

习题 111

第 10 章　通用定时器与基本定时器 112

10.1　定时器 112

10.1.1　定时器简介 112

10.1.2　定时器工作原理 113

10.1.3　功能框图 113

10.1.4　输出比较 115

10.1.5　输入捕获 115

10.2　脉冲宽度调制 117

10.3　MX 生成工程 119

10.4　定时器应用 122

10.4.1　实现定时 1s 122

10.4.2　输出比较生成 PWM 122

10.4.3　PWM 呼吸灯 126

10.4.4　按键周期检测 129

10.4.5　电容按键检测 133

10.4.6　测量频率与占空比 136

习题 142

第 11 章　高级控制定时器 143

11.1　高级控制定时器 143

11.2　高级控制定时器特性 144

11.3　MX 设置与代码 144

11.3.1　输出比较 144

11.3.2　PWM 输出 146

习题 151

第 12 章　减速电机旋转控制 152

12.1　25GA370 直流减速电机 152

12.1.1　电机参数 152

12.1.2　硬件连接 153

12.2　MX 生成工程 154

12.3　减速电机旋转驱动编程 157

12.3.1　编程流程 157

12.3.2　驱动代码分析 157

12.3.3　操作与现象 160

习题 160

第 13 章 **编码器测速** 161

  13.1 编码器的分类及原理 161

  13.2 增量式编码器脉冲输入模式 163

  13.3 25GA370 减速电机编码器 164

  13.4 MX 生成工程 165

  13.5 减速电机编码测速编程 166

     13.5.1 流程分析 166

     13.5.2 代码分析 167

  习题 167

第 14 章 **机器人运动模型** 168

  14.1 双轮机器人运动控制 168

     14.1.1 机器人理想运动模型 168

     14.1.2 双轮机器人底座 168

     14.1.3 双轮机器人运动模型 169

  14.2 三轮全向机器人运动控制 170

     14.2.1 全向轮 170

     14.2.2 三轮全向运动模型 171

  习题 173

附录 **软件中图形符号与国家标准图形符号对照表** 174

第 1 章

STM32 与 HAL 库介绍

"千里之行，始于足下"。本章作为整个学习过程的开始，将介绍STM32的相关基础知识，以帮助读者了解STM32的发展历史和不同开发方案。学习本章之后，可对STM32和HAL库有初步的认识，了解到一些专有名词，为后续的学习打下良好的基础。

1.1　STM32 简介

在正式开始学习本书之前，有必要先区分以下几个常用的名词：ST、STM32、STM32F1、STM32F4、STM32F7和STM32F103RCT6、STM32F407ZGT6。

STM32是指ST公司（中文名：意法半导体；英文名：STMicroelectronics，后续均以ST来指代这家公司）推出的一系列单片机，包括8位、16位和32位等多个系列。STM32F1、STM32F4和STM32F7都是一系列产品的统称，例如STM32F1系列，就有诸如STM32F103RCT6、STM32F103VET6等多款产品。熟悉手机的读者会发现这种情况很常见，例如高通公司就有骁龙8系列、7系列，8系当中的骁龙865就是具体的产品名称。由于STM32系列单片机的卓越性能和低廉成本，以及它配套的开发方式，迅速地占领了很大的单片机市场。图1-1所示为STM32单片机。

图 1-1　STM32 单片机

1.2　STM32 硬件设计

使用 STM32 进行开发，从技术角度而言，无非是硬件设计＋软件编程。简单地说，在硬件设计阶段，工程师需要通过电路设计软件（例如 Altium Designer 等）设计出电路并绘制出相应的 PCB，后续还会有制板、焊接等工艺；在软件编程阶段则是通过编写代码来赋予硬件相应的功能。硬件设计流程如图 1-2 所示。

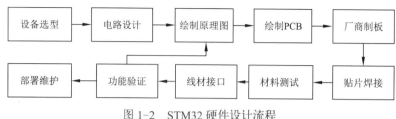

图 1-2　STM32 硬件设计流程

1.3　STM32 软件编程

STM32 的盛行，与其配套的软件开发方式密切相关。在它之前，人们开发单片机主要是对寄存器进行直接操作。不同种类的单片机的区别也就是寄存器的名称、读写方式不一样而已。而 STM32 除了寄存器读写这种编程方式之外，还另外将这些底层操作封装起来，以函数库的形式推广给广大单片机工程师。这就简化了工程师的工作，可以更快地推出新的产品。

STM32 的软件编程方式包括寄存器编程、标准外设库编程和 HAL 库编程 3 种方式，这 3 种开发方式互有优劣，没有绝对的好坏之分。虽然读写寄存器的方法看起来比较困难，但是在一些要求苛刻的情景下（例如数据量非常大、实时性要求高的时候），这种方式是最可靠的。标准外设库的开发方式以前使用得最多，工程案例也最丰富，但是，ST 公司停止了对标准库函数的更新，如 F7 系列就不支持标准库函数。HAL 库被 ST 公司视为新的开发方案，但还是不可避免地有一些缺陷存在，导致开发过程中遇到一些问题。但是，长远来看，HAL 还是大势所趋，将成为以后的主要开发方式。

1.3.1　寄存器编程

学过 51 单片机的读者可能会知道，编程的主要方式就是直接对寄存器进行操作。这种方法对于 STM32 依然有效，只是 STM32 的寄存器数量是 51 单片机的十数倍，如此多的寄存器使用起来就需要经常翻查芯片的数据手册。因此，寄存器编程更适合有一定开发经验，对寄存器内容非常熟悉或者追求运行效率的工程师。熟悉了寄存器知识，再去使用另外两种编程方式，会更容易上手。

1.3.2　标准外设库编程

因为 STM32 有非常多的寄存器而导致了开发困难，所以 ST 公司就为每款芯片编写了一份库文件，也就是工程文件中的 stm32F1xx 等。在这些文件中包括一些常用量的宏定义，把一些外设也通过结构体变量封装起来，如 GPIO 口时钟等。同时，将大量的底层操作封装起来，以库函数的形式提供给用户。用户只需要熟悉这些库函数就可以进行 STM32 的开发，例如，通过配置结构体变量成员就可以修改外设的配置寄存器，从而选择不同的功能。这是目前使用最多的方式，也是学习 STM32 接触最多的一种开发方式。

1.3.3　HAL 库编程

HAL（Hardware Abstraction Layer，硬件抽象层）库是 ST 公司目前主力推广的开发方式。它的出现比标准外设库要晚，但和标准外设库一样，都是为了节省程序开发的时间，而且 HAL 库尤其有效。如果说标准库集成了实现功能需要配置的寄存器，那么 HAL 库的一些函数甚至可以做到某些特定功能的集成。并且，HAL 库也很好地解决了程序移植的问题，不同型号 STM32 芯片的标准库是不一样的，例如，在 STM32F4 上开发的程序移植到 STM32F3 上是不能通用的，而使用 HAL 库，只要使用的是相同的外设，程序基本可以完全复制、粘贴。而且，使用 ST 公司研发的 MX 软件，可以通过图形化的配置功能，直接生成整个使用 HAL 库的工程文件，可以说方便至极，但同时也会造成执行效率降低。

HAL 是位于操作系统内核与硬件电路之间的接口层，其目的在于将硬件抽象化。它隐藏了特定平台的硬件接口细节，为操作系统提供虚拟硬件平台，使其具有硬件无关性，可在多种平台上进行移植。从软硬件测试的角度来看，软硬件的测试工作都可以基于硬件抽象层来完成，使得软硬件测试工作的并行进行成为可能。

ST 公司按照 HAL 接口设计所推出的新型库函数，称为 HAL 库。它的存在是为了确保 STM32 系列单片机最大的移植性。HAL 位于操作系统内核与硬件电路之间的接口层，其目的在于将硬件抽象化。还有一个开发利器：MX，两者配合使用（HAL 库 +MX）大大简化了设备初始化等一系列工作。

HAL 库是一个由 ST 官方基于硬件抽象层而设计的软件函数包，它由程序、数据结构和宏组成，包括了微控制器所有外设的性能特征。该函数库还包括每一个外设的驱动描述和应用实例，为开发者访问底层硬件提供了一个中间 API（Application Programming Interface，应用程序接口）。通过使用 HAL 库，无须深入掌握底层硬件细节，开发者就可以轻松地应用每一个外设。因此，使用 HAL 库可以大大减少用户的程序编写时间，进而降低开发成本。每个外设驱动程序都由一组函数组成，这组函数覆盖了该外设的所有功能。每个器件的开发都由一个通用 API 驱动，API 对该驱动程序的结构、函数和参数名称都进行了标准化。

1.4　HAL 库特点

在 ST 官方的声明中，HAL 库是大势所趋。在 ST 公司最新开发的部分芯片中，只有 HAL 库而没有标准库，从这点便可以说明，以后的战略目标是逐渐转向 HAL 库。相对于标准库来说，在使用 MX 生成代码后，工程项目和初始化代码已经完成，简便了很多。最重要的是经 ST 官方的大力推广，未来功能会更加完善。图 1-3 所示为 MX 引脚配置界面。

图 1-3　MX 引脚配置界面

MX 现在已经支持 STM32 的全系列，从早期的 F0、F1 到较新的 F4、F7 等，统统都支持。而且，针对一些比较热门的系列，ST 公司还推出诸多的示例开发板，供开发者学习。图 1-4 所示为 MX 支持的部分芯片。

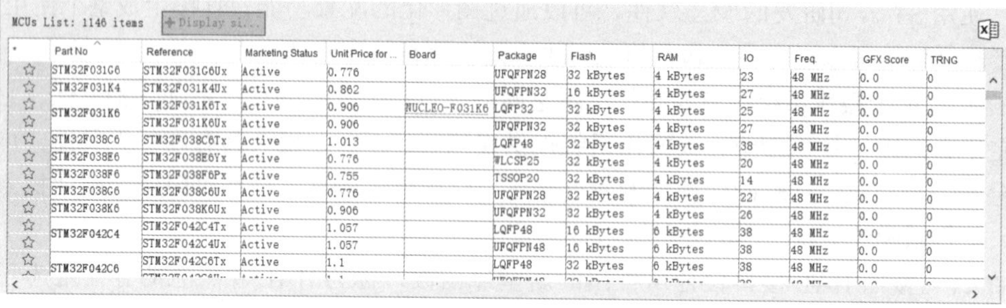
MCUs List: 1146 items   Display si...

*	Part No	Reference	Marketing Status	Unit Price for ...	Board	Package	Flash	RAM	IO	Freq.	GFX Score	TRNG
☆	STM32F031G6	STM32F031G6Ux	Active	0.776		UFQFPN28	32 kBytes	4 kBytes	23	48 MHz	0.0	0
☆	STM32F031K4	STM32F031K4Ux	Active	0.862		UFQFPN32	16 kBytes	4 kBytes	27	48 MHz	0.0	0
☆	STM32F031K6	STM32F031K6Tx	Active	0.906	NUCLEO-F031K6	LQFP32	32 kBytes	4 kBytes	25	48 MHz	0.0	0
☆		STM32F031K6Ux	Active	0.906		UFQFPN32	32 kBytes	4 kBytes	27	48 MHz	0.0	0
☆	STM32F038C6	STM32F038C6Tx	Active	1.013		LQFP48	32 kBytes	4 kBytes	38	48 MHz	0.0	0
☆	STM32F038E6	STM32F038E6Yx	Active	0.776		WLCSP25	32 kBytes	4 kBytes	20	48 MHz	0.0	0
☆	STM32F038F6	STM32F038F6Px	Active	0.755		TSSOP20	32 kBytes	4 kBytes	14	48 MHz	0.0	0
☆	STM32F038G6	STM32F038G6Ux	Active	0.776		UFQFPN28	32 kBytes	4 kBytes	22	48 MHz	0.0	0
☆	STM32F038K6	STM32F038K6Ux	Active	0.906		UFQFPN32	32 kBytes	4 kBytes	26	48 MHz	0.0	0
☆	STM32F042C4	STM32F042C4Tx	Active	1.057		LQFP48	16 kBytes	6 kBytes	38	48 MHz	0.0	0
☆		STM32F042C4Ux	Active	1.057		UFQFPN48	16 kBytes	6 kBytes	38	48 MHz	0.0	0
☆	STM32F042C6	STM32F042C6Tx	Active	1.1		LQFP48	32 kBytes	6 kBytes	38	48 MHz	0.0	0

图 1-4　MX 支持的部分芯片

两种 API 类型（通用和扩展）是一些预先定义的函数，目的是供开发人员调用，开发人员不需要详细了解这些代码的内部细节。简单来说，当需要调用某个新的库函数时，需要知道是函数名、参数类型和返回结果，不需要关心这个函数内部是如何实现的，只需要清楚如何调用就可以了。或者换个说法，有一个计算圆面积的函数，当需要计算圆面积时，只需要告诉这个函数半径是多少就可以了。至于它内部是如何计算出来的，则不需要关心。

HAL 的通用 API 为程序的模块化设计带来便利，比如时钟和外设的初始化。而扩展 API 则兼顾 STM32 各系列产品的特有功能和扩展性，提高 HAL 驱动的扩展性。3 种编程模型（轮询、中断和 DMA）以 ADC 函数作为例子，如图 1-5 所示。

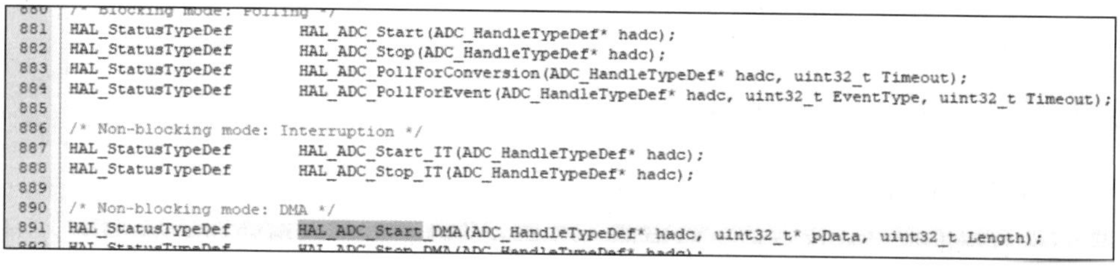

```
/* Blocking mode: Polling */
HAL_StatusTypeDef       HAL_ADC_Start(ADC_HandleTypeDef* hadc);
HAL_StatusTypeDef       HAL_ADC_Stop(ADC_HandleTypeDef* hadc);
HAL_StatusTypeDef       HAL_ADC_PollForConversion(ADC_HandleTypeDef* hadc, uint32_t Timeout);
HAL_StatusTypeDef       HAL_ADC_PollForEvent(ADC_HandleTypeDef* hadc, uint32_t EventType, uint32_t Timeout);

/* Non-blocking mode: Interruption */
HAL_StatusTypeDef       HAL_ADC_Start_IT(ADC_HandleTypeDef* hadc);
HAL_StatusTypeDef       HAL_ADC_Stop_IT(ADC_HandleTypeDef* hadc);

/* Non-blocking mode: DMA */
HAL_StatusTypeDef       HAL_ADC_Start_DMA(ADC_HandleTypeDef* hadc, uint32_t* pData, uint32_t Length);
HAL_StatusTypeDef       HAL_ADC_Stop_DMA(ADC_HandleTypeDef* hadc);
```

图 1-5　3 种编程模型

MX 生成的工程具有回调机制，这也是 ST 官方推出 HAL 库的一个特点。回调函数由外设初始化、中断事件、处理完成 / 出错触发回调，此时只需要关心如何处理中断和异常。

1.5 学习方法

对于很多初学者来说，尤其是技术基础稍薄弱的读者，会抱怨 STM32 难学，更难精通，即使花费大量的精力来学习也很难熟练掌握 STM32 的开发技术。通常来说，学习 STM32 开发过程需要购买一块开发板，然后按照上面的例程来一一实现。这个过程本身实现起来要比刚开始想的要艰难，很多人只能坚持到按键或者定时器就放弃了。即使花很多的时间去完成这些案例，在实际应用当中，也会发现，实际项目和开发板仍然有所不同。

有没有简单一些的入门方法，可以不用“伤筋动骨”或者“脱层皮”就可以掌握 STM32 的基本开发方法？本书是简单学习 STM32 的一种尝试，可以采用以下几种方法来简化

STM32 的学习难度：

（1）硬件为主，软件为辅：很多人会疑问，STM32 的软件应该占大部分才对。其实，如果在初学时能够掌握最小系统、常见接口电路，才会最大限度地使你能够继续学习下去。

（2）配套的机器人底座：是学习 STM32 控制电机的绝佳平台，用户可以专注于控制的学习。

（3）采用 F1 系列：通常来说，F1 系列几款芯片，引脚数量和复杂度相对较低，更易于全面把握。

（4）采用 HAL 编程方式：这种开发方式相对而言封装得更多，也更容易上手。

习　　题

1. 登录 ST 公司的官网，浏览其相关的产品系列。

2. 什么是寄存器？举例 51 单片机中有哪些寄存器。

3. 请编写宏或子函数，可以对寄存器的某几位进行清零。

4. 请编写宏或子函数，可以对寄存器的某几位进行置 1。

5. 请下载一本关于 STM32 标准外设库开发的电子书（例如：《原子教你玩 STM32》），了解标准外设库的开发方式。

第 2 章
软硬件平台

学习嵌入式开发与传统的纯软件开发有很大区别，其中一个就是所需要的"装备"不同。计算机软件专业的学生基本上只需一台计算机即可，而嵌入式开发还需要额外的硬件平台及相应的开发环境。以学习STM32为例，至少需要准备一块STM32的开发板，根据开发板内容的多少，价格在数十元到数千元之间。本书是介绍如何使用STM32来控制机器人，因此所需要的硬件平台也是特制的，是我们独立开发的一块STM32控制板+小巧的调试器。本章将全面介绍所用到的软硬件平台，使读者尽快熟悉这些开发工具。

2.1　硬件平台

硬件平台是一个项目的基础保障，也是整个项目最重要的环节。硬件设计的合理性直接决定项目的最终效果。为了实现一台移动机器人，我们的硬件系统包括了控制板、电池和小车底盘。硬件控制板集成了 STM32 单片机、串口通信和电机驱动模块，有 4 个电机输出接口，可以分别控制 4 个电机；机器人底盘则包括轮子、车身和电机。在下文当中，将分别进行描述。

2.1.1　控制板

本书配套的开发板是我们独立开发的（见图 2-1），采用了 F103 系列的单片机，并且集成了电机控制模块，以便于后续机器人运动控制章节的学习。

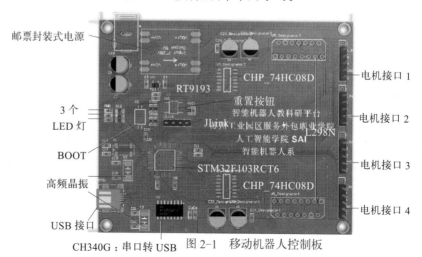

图 2-1　移动机器人控制板

控制板实物图如图 2-2 所示。

图 2-2　控制板实物图

2.1.2　底盘

作为移动机器人，底盘的设计举足轻重，为了便于学习，本书的案例采用了以下两种底盘，如图 2-3、图 2-4 所示。

图 2-3　三轮底盘

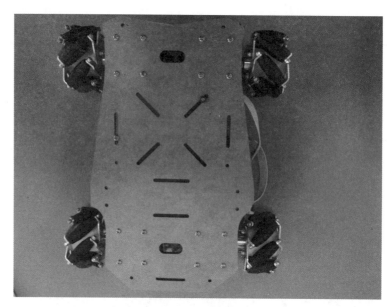

图 2-4　四轮底盘

采用麦克纳姆轮的结构，以减速直流电机驱动，与控制器直接通过排线连接，最大限度地减少接线。基于这两种底盘，可以设计出大量的实验案例，如三轮直行、四轮直行、转圈等运动曲线。

2.1.3　电池

开发板采用 12 V 直流电源供电，通常采用 12 V 的可充电锂电池（见图 2-5），方便部署在小车上。

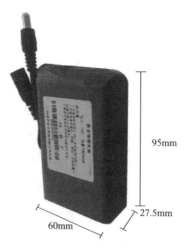

图 2-5　配套锂电池

控制板上资源较多，这里将电机驱动集成在开发板上，传统的开发板通常只会留出电机驱动的接口，通过外接电机驱动模块来实现相应的电机驱动功能。对于学习而言，零散的模块反而会导致学习成本提高与效率降低，所以在设计开发板时，尽可能地将这些模块集中在一起，读者只需要外接电源和电机连线就可以进行本书的配套实验。表 2-1 所示为配套开发板的相关资源。

表 2-1 配套开发板的相关资源

型　　号	STM32F103RCT6
邮票封装式电源	采用常见的邮票式封装，更加易于焊接、布线，具有比较宽的电压输入范围，能保证比较稳定的 5 V 输出电压，供电给单片机核心模块
RT9193	RT9193 系列是具有高精度、低噪声、高速度、兼容低 ESR（等效串联电阻）的电容、采用 CMOS 工艺生产的 LDO（低压差线性稳压器）电压调整器，内部包括参考电压源电路、误差放大器电路、过电流保护电路和相位补偿电路
CH340G	CH340G 是一个 USB 总线的转接芯片，实现 USB 转串口、USB 转 IrDA 红外或者 USB 转打印口。在串口方式下，CH340 提供常用的 Modem 联络信号，用于为计算机扩展异步串口，或者将普通的串口设备直接升级到 USB 总线
CHP_74HC08D	74HC08D 是一个四路 2 输入与门。输入包括钳位二极管等电子元件，可以起到隔离单片机核心元件与电机驱动电路的作用，避免烧坏芯片引脚
L298N	L298N 是一种双 H 桥电机驱动芯片，其中每个 H 桥可以提供 2 A 的电流，功率部分的供电电压范围是 2.5 ~ 48 V，逻辑部分 5 V 供电，接受 5V TTL 电平。一般情况下，功率部分的电压应大于 6 V，否则芯片可能不能正常工作。通过单片机的 I/O 输入改变芯片控制端的电平，就可以对电机进行正反转、停止操作
电动机接口 1	连接电动机 1，控制电动机 1 的运转，读取电动机 1 转速
电动机接口 2	连接电动机 2，控制电动机 2 的运转，读取电动机 2 转速
电动机接口 3	连接电动机 3，控制电动机 3 的运转，读取电动机 3 转速
电动机接口 4	连接电动机 4，控制电动机 4 的运转，读取电动机 4 转速

注：有关电动机的相关说明参见第 8 章开始处。

2.2　软件安装与配置

目前，针对 STM32 程序的集成开发环境较多，在 ST 的官网上就列出了 19 个，包含商业版本和免费版本，大家比较熟悉的有 Keil、IAR、SW4STM32 等。本书所采用的是 MX+HAL 开发，因此着重介绍 MX、Keil 的安装与配置过程。读者在学习本书案例或者后续的项目开发中，采用 MX 软件生成基于 HAL 库的工程代码，采用 Keil（或者 IAR）来编辑、调试代码。

2.2.1　Keil 安装

1. 软件获取

因为 Keil 软件会持续更新，下面以当前较新版本（V5.2X）介绍，各版本的操作步骤几乎是一样的。Keil 软件安装包如图 2-6 所示。

名称 ^	修改日期	类型	大小
Keil.STM32F1xx_DFP.1.0.5.pack	2015/2/6 12:23	PACK 文件	49,474 KB
keygen	2019/3/4 17:37	GuangsuZip file	41 KB
mdk514	2015/3/7 23:18	应用程序	355,626 KB
mdk526	2019/3/4 16:23	应用程序	915,212 KB
安装过程	2016/12/19 11:39	文本文档	1 KB

图 2-6　Keil 软件安装包

也可去官网：https://www.Keil.com/download/product/ 下载最新版本软件，如图 2-7 所示。

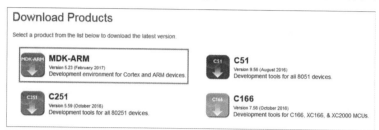

图 2-7　Keil 软件下载

2．Keil 软件安装

安装之前如果计算机存在 Keil、ADS 软件，建议先卸载，否则很容易造成 Keil 软件无法正常使用。软件安装步骤如下：

（1）以管理员身份运行 Keil 安装包，弹出欢迎界面，单击 Next 按钮进入下一步，如图 2-8 所示。

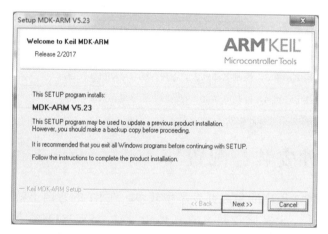

图 2-8　Keil 软件安装欢迎界面

（2）弹出许可证协议界面，勾选同意复选框，单击 Next 按钮进入下一步，如图 2-9 所示。

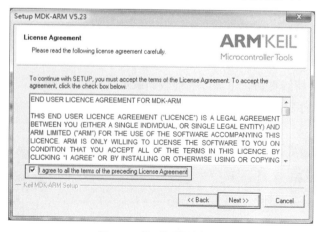

图 2-9　许可证协议界面

（3）弹出选择软件安装路径和芯片支持驱动包存放路径界面，一般选择默认即可，单击 Next 按钮进入下一步，如图 2-10 所示。

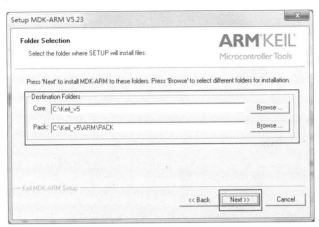

图 2-10　软件安装路径和驱动包存放界面

（4）弹出 Keil 软件使用者信息填写界面，填写完后单击 Next 按钮进入下一步，如图 2-11 所示。

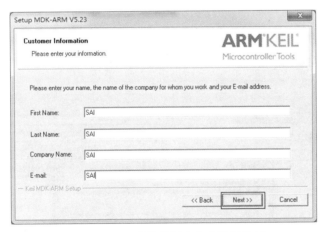

图 2-11　Keil 软件使用者信息填写界面

（5）进行软件安装，安装完毕之前，会弹出是否安装通用串行总线控制器界面，单击"安装"按钮，如图 2-12 所示。

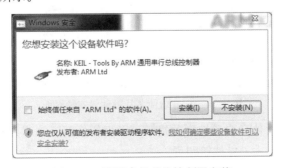

图 2-12　通用串行总线控制器安装

（6）单击 Finish 按钮完成安装，如图 2-13 所示。这时会自动弹出 Keil 软件芯片驱动包安装界面，单击 OK 按钮，如图 2-14 所示。

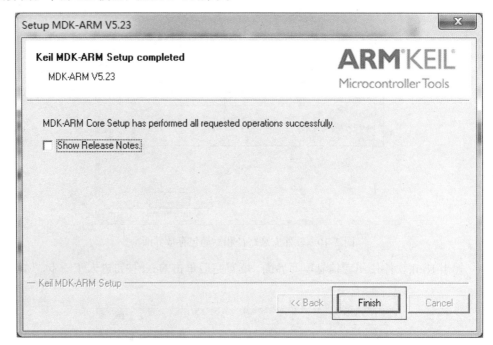

图 2-13　安装完成界面

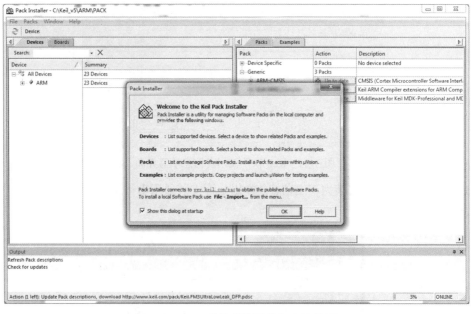

图 2-14　Keil 软件芯片驱动包安装界面

这时该芯片驱动包软件会自动搜索并提示可以更新最新版的芯片驱动包资源，可能会弹出最新芯片驱动窗口，单击 OK 按钮即可。

（7）安装 STM32F1xx 系列芯片驱动包，如图 2-15 所示。首先选择 File → Import 命令，导入 Keil.STM32F1xx_DFP.2.1.0.pack 文件（见图 2-16），导入后会自动安装，等待安装完成后关闭驱动包安装软件即可。

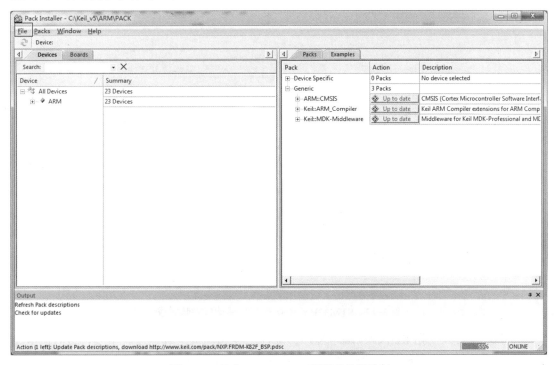

图 2-15　导入 STM32F103 系列芯片驱动包

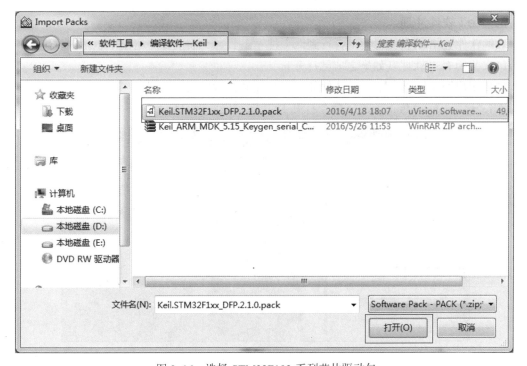

图 2-16　选择 STM32F103 系列芯片驱动包

至此，Keil 软件和 STM32Fxx 系列芯片驱动包安装完成，如图 2-17 所示。

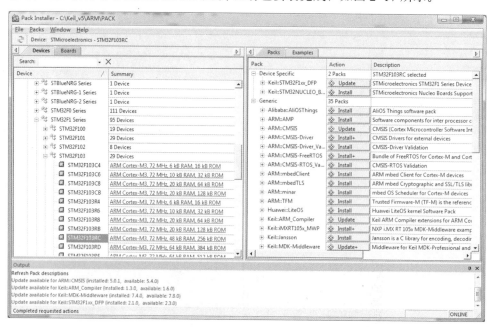

图 2-17　STM32F×× 系列芯片驱动包安装完成

接下来就可以使用 Keil 软件编写程序、编译工程和调试下载程序。不过，这时的 Keil 软件属于评估版本，无法编译代码超过 32 KB 的工程，需要进一步获得 License 以得到完整的权限。

3. Keil 软件注册

破解软件 Keil 的相关工具可自行到网上搜索下载。下面主要介绍操作步骤：

（1）关闭 Keil 软件（如果之前已打开）。

（2）使用管理员身份打开 Keil 软件（在桌面右击软件图标，选择"以管理员身份运行"），选择 File → License Management 命令打开 Keil 许可证管理窗口，如图 2-18 所示。

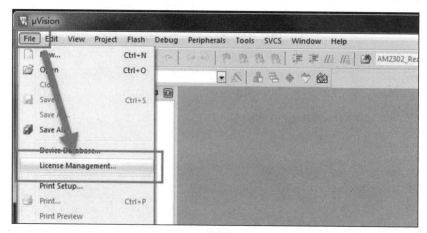

图 2-18　选择 License Management 命令

（3）弹出许可证管理界面，选择 Keil 软件的 Computer ID，复制，如图 2-19 所示。

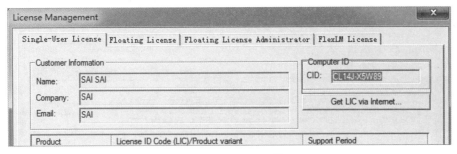

图 2-19　Keil 软件许可证管理界面

（4）解压 Keil_ARM_MDK_5.15_Keygen_serial_Crack.zip，如图 2-20 所示。

名称	修改日期	类型	大小
Keil.STM32F1xx_DFP.1.0.5.pack	2015/2/6 12:23	PACK 文件	49,474 KB
keygen	2019/3/4 17:37	GuangsuZip file	41 KB
mdk514	2015/3/7 23:18	应用程序	355,626 KB
mdk526	2019/3/4 16:23	应用程序	915,212 KB
安装过程	2016/12/19 11:39	文本文档	1 KB

图 2-20　打开破解软件

（5）打开 Keil 注册软件，把 CID 粘贴到对应框中，其他设置如图 2-21 所示。复制得到的许可证数据到 Keil 软件许可证管理器中，如图 2-22 所示。这样就破解完成得到标准版的 Keil 软件，就不再受 32 KB 编译大小限制。

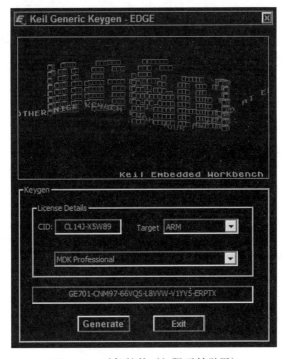

图 2-21　破解软件（仅限于教学用）

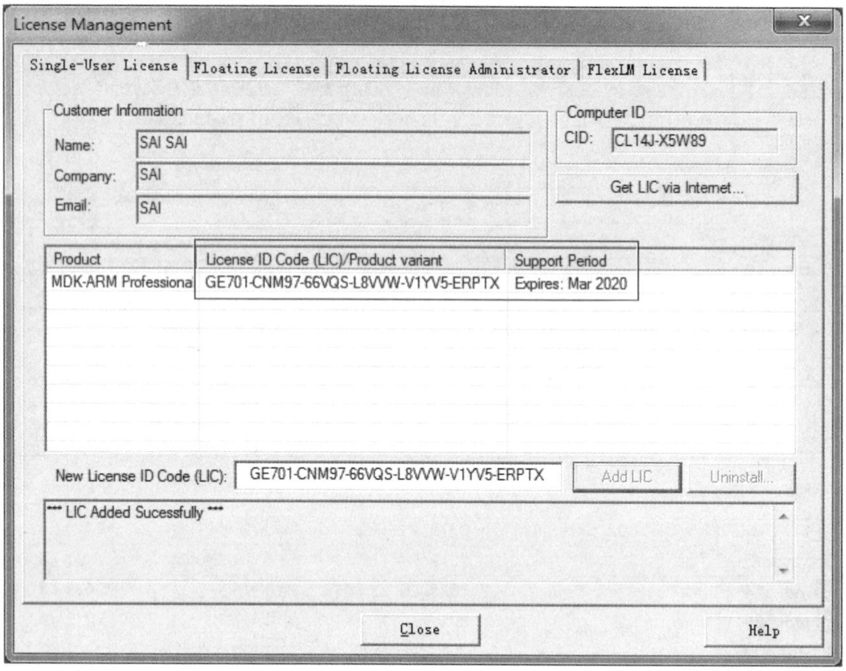

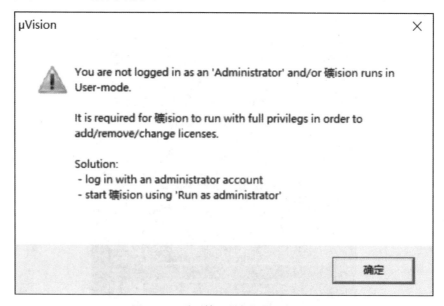

图 2-22　破解 MDK（仅限于教学用）

　　如果在破解过程中出现如图 2-23 所示的界面，说明用户打开 MDK 的权限不对，需要以管理员权限打开 MDK 进行破解。

图 2-23　需要管理员权限打开 MDK

2.2.2　MX 的安装和使用

1．MX 的安装

　　MX 软件可以通过官网 https://www.st.com/en/development-tools/MX.html 下载，或者使

用本书配套的已下载好的安装包。

在下载页面中，单击下载按钮获取最新的安装软件（也可以在后面的下拉框中选择最近的安装版本），如图 2-24 所示。这里下载的是 5.1.0 版本，大小约 116 MB。图 2-23 中前面 4 列的含义分别是：软件的名称、版本号、软件状态、开发者（ST 公司开发）。

图 2-24　下载安装包界面

需要注意的是，下载前需要注册 ST 公司的账户，这些操作在本书中不再一一举例。以下是详细的安装步骤。

（1）双击安装文件 SetupMX-5.1.0.exe 进入安装过程，如图 2-25 所示。有些计算机，在安装之前会弹出 This application requires a Java Runtime Environment 1.7.0_45 之类的提示，说明用户的计算机还没有安装 JDK，可以在提供的安装包中找到 JDK 并安装即可进行 MX 的安装。

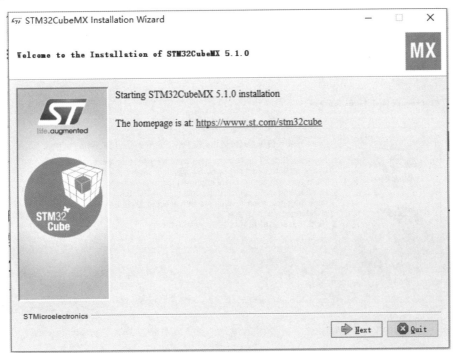

图 2-25　软件安装界面

（2）单击 Next 按钮，选中 I accept the terms of this license agreement 复选框，然后单击 Next 按钮进入下一步，如图 2-26 所示。

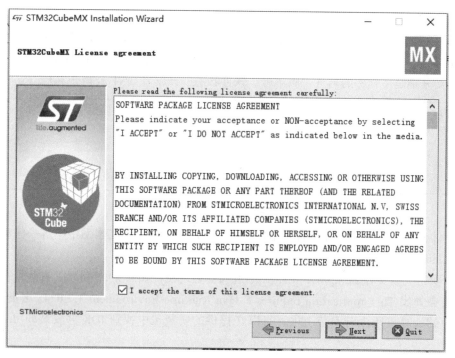

图 2-26　许可证协议界面

（3）ST 隐私条款及应用确认，通常选中所有复选框，然后单击 Next 按钮，如图 2-27 所示。

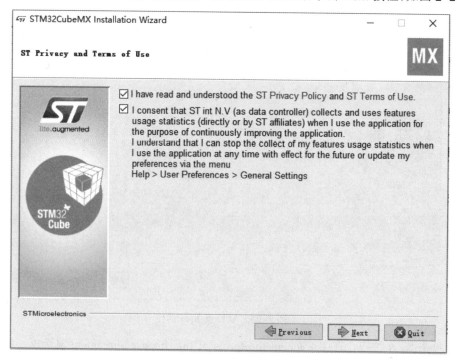

图 2-27　ST 隐私条款界面

（4）选择 MX 的安装路径，一般默认即可，单击 Next 按钮，如图 2-28 所示。

图 2-28　STM32BubeMX 软件安装路径

（5）之后会弹出是否创建路径或者覆盖路径的选项，单击 Yes 按钮，如图 2-29 所示。

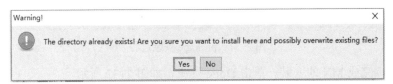

图 2-29　是否创建或者覆盖路径提示界面

（6）进入下一页面后，采用默认设置，单击 Next 按钮进入安装过程，如图 2-30 所示。

图 2-30　MX 软件快捷键设置

（7）单击 Next 按钮，软件会自动安装更新 package，如图 2-31 所示。

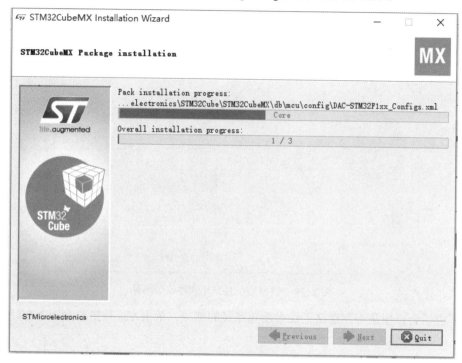

图 2-31　package 安装过程

（8）至此，完成 MX 的安装，单击 Done 按钮，如图 2-32 所示。

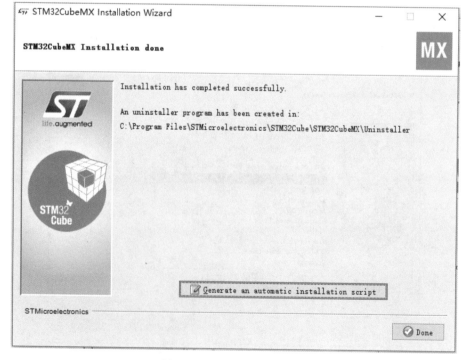

图 2-32　MX 软件安装完成

（9）MX 导入 pack 文件。选择 Help → Manage embedded software packages 命令打开 pack 管理界面，如图 3-33 所示。

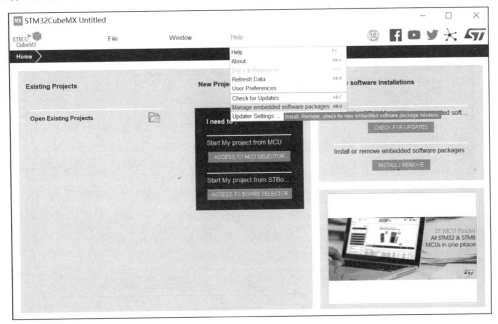

图 2-33　Help 菜单

（10）单击左下角的 From Local 按钮选择本地的 pack 压缩包，如图 2-34 所示。

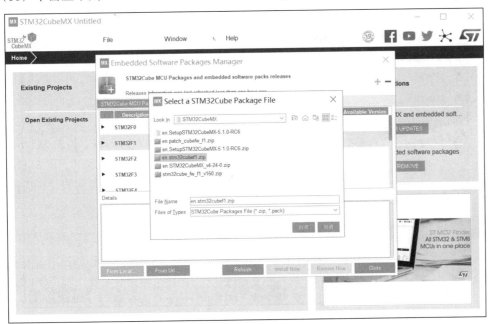

图 2-34　From Local 按钮

（11）MX 进行解压缩并安装所选择的 pack，如图 2-35 所示。如果安装成功，在 pack 列表当中可以观察到相应版本的 pack 已经顺利安装好，如图 2-36 所示。

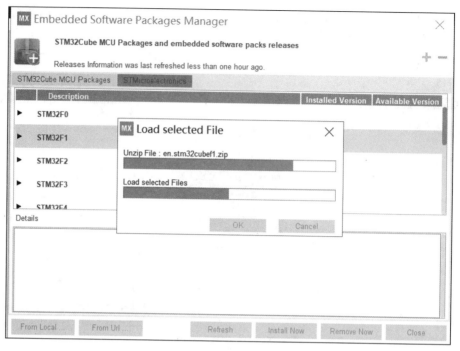

图 2-35 解压缩并安装

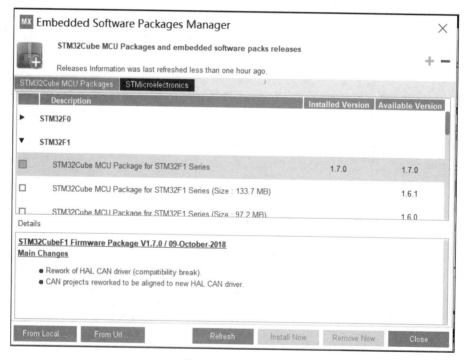

图 2-36 安装完成

2. MX 使用

首次打开 MX 程序时，会提示让用户设置网络，通常按照默认的设置即可，然后就会弹出软件的主界面，如图 2-37 所示。

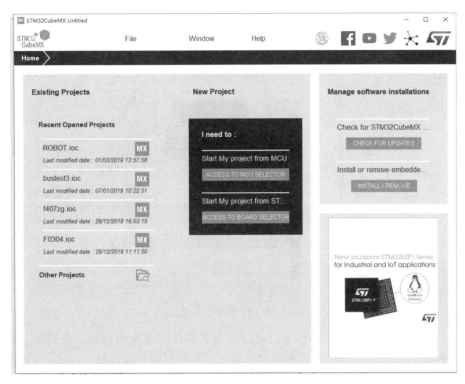

图 2-37 MX 软件主界面

选择 File → New Project 命令新建一个项目，软件会访问服务器来获取 ST 的最新 MCU 信息，供用户选择，如图 2-38 所示。

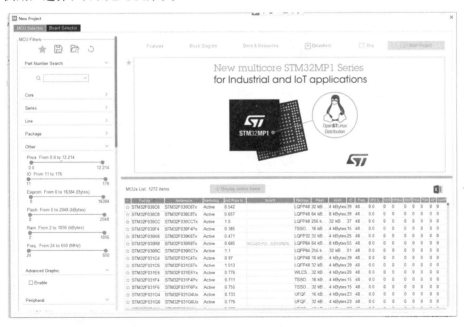

图 2-38 ST 的 MCU 列表

单击图 2-38 左上方的 Board Selector 选项，可以看到 ST 的开发板资源，如图 2-39 所示。

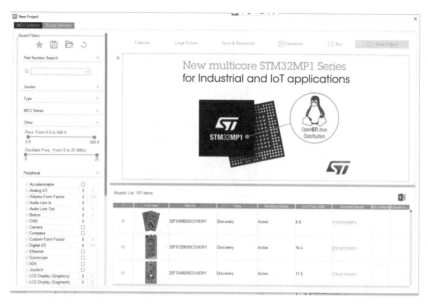

图 2-39 ST 的开发板资源

这些芯片和样板列表信息为进行 STM32 开发提供了非常大的便利。我们可以非常方便地一览所有的 ST 资源，如 F1 系列有哪些单片机，其相应的引脚数量、Flash、RAM 和示例开发板等。这里选择 STM32F103RCTx 这款芯片，可以观察到这款芯片的资源情况，如图 2-40 所示。

图 2-40 选中芯片开启工程

单击图 2-40 右上角的 Start Project 选项，将创建基于 F103 的工程，工程主界面 2-41 所示。在工程主界面当中，主要有 4 个不同的工作模块，分别是 Pinout & Configuration（引脚与配置）、Clock Configuration（时钟配置）、Project Manager（工程管理）和工具，在图中已用框标出。在引脚与配置界面中，可以对芯片的引脚逐一进行配置。图 2-41 中左侧是芯片资源配置、中央是芯片的所有引脚分布，我们将会在后续案例部分配置这些引脚。

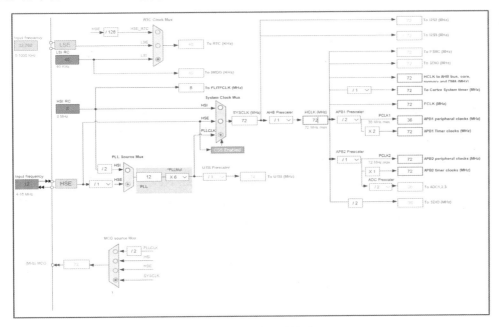

图 2-41　工程主界面

在时钟配置界面中，可以非常方便地对系统时钟进行配置。如果读者对 STM32 寄存器编程或者库函数编程有所了解，就会发现采用 MX 配置时钟非常方便。本项目中选择使用外部 12 MHz 晶振，并配置系统时钟为 72 MHz，选择 PLLCLK 之后会弹出窗口，单击“确定”按钮，并单击 Enable CSS 选项使之变为绿色。具体设置如图 2-42 所示。

图 2-42　时钟设置界面

在工程管理当中，有几项非常重要的设置选项，如 Project Name（工程名）、Project Location（工程位置）等，需要一一进行设置。

其中，IDE 下拉列表框中表示 MX 所生成的代码支持哪些开发环境，例如 MDK 4 或 5、IAR、SW4STM32 等，在本项目当中，统一使用应用较为广泛的 MDK 5 开发环境，如图 2-43 所示。

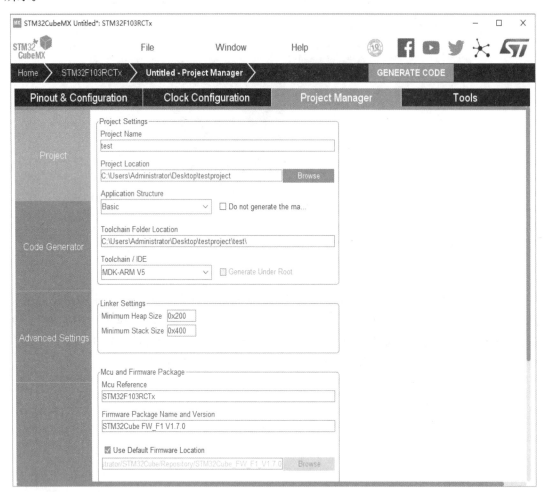

图 2-43　工程设置界面

在 Firmware Package Name and Version 下拉列表框中选择对应的固件，这里选择 V1.7.0。如果读者在选择固件时出现错误，可以选择 Help → Install New Libraries 命令打开固件库安装界面（见图 2-44），在其中选择需要安装的固件库，然后可以通过本地安装或者网络安装。通常，网络安装可能较慢，而且会中断安装，可以通过安装包里提供的库文件进行本地安装。需要注意的是，除了安装固件库之外，还需要安装一个补丁，也就是我们提供的两个文件，需要在本地安装时调用，如图 2-45 所示。由于 ST 官方网站的下载速度较慢，读者可以到以下网盘去下载相关补丁文件 http://pan.baidu.com/s/1gdhcja7#path=/。

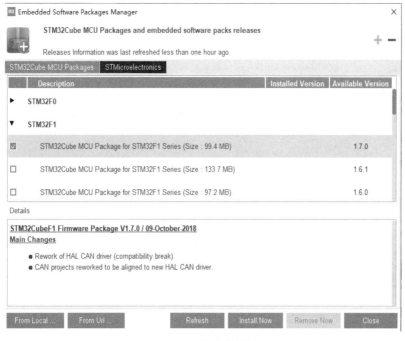

图 2-44　固件库安装界面

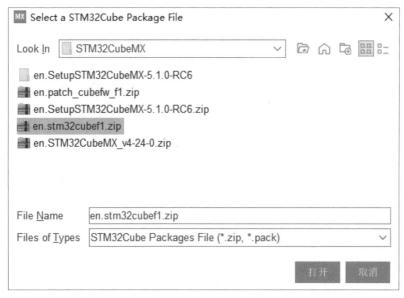

图 2-45　安装固件库及补丁

在上述简单的设置之后，单击 GENERATE CODE 按钮生成对应的代码。需要注意的是，因为 MX 生成 MDK5 的工程，因此，MX 和 MDK5 二者直接的版本需要匹配，有很多时候，因为版本不匹配的问题，导致生成的工程打不开。此时，需要对 Keil 的 pack 文件进行升级以匹配 MX。如果一切顺利，可以直接打开生成的工程，如图 2-46 所示。对工程进行编译，检验生成的项目是否正确。

图 2-46　对工程进行编译

2.2.3　Keil 5 软件的使用

使用 Keil 5 打开 MX 生成的工程，对 Keil 的设置都是在"魔术棒"工具选项（Options for Target…）界面下。图 2-47 所示为 Keil 的主界面。

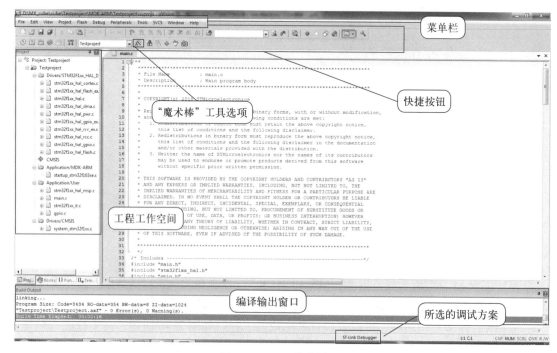

图 2-47　Keil 的主界面

（1）硬件目标设置选项卡（Target），如图 2-48 所示。

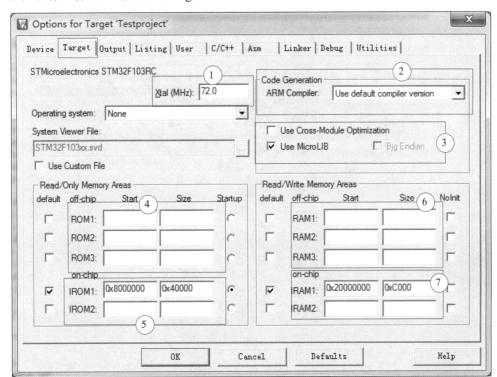

图 2-48　Target 选项卡

图 2-48 中采用数字编号标注了几处，下面是对于这些编号按顺序所对应内容的解释。

- 设备晶振频率，用于模拟仿真时使用。
- 指定 ARM 或者 Thumb 模式进行代码生成。
- 为优化代码创建一个链接反馈文件，使用 MicroLib 库，可将运行时库代码大大降低。
- 片外 ROM 设置，最多可支持 3 块 ROM（Flash），在 Start 一栏输入起始地址，Size 一栏输入大小。
- 片内 ROM 设置，设置方法同片外 ROM，只是程序的存储区在芯片内集成。
- 片外 RAM 设置，设置方法同片外 ROM。
- 片内 RAM 设置，设置方法与片外 RAM 相同。

（2）输出选项卡（Output）主要的目的是让 Keil 软件选择输出文件夹位置和产生 HEX 文件，在 CubeMX 产生工程后，这些已经配置完成。注意：这里产生 HEX 文件在创建完工程后，默认是选中的，请在每次完成工程创建后自行设置好。HEX 文件是用来烧录进开发板的程序，如果没有生成这个程序，则无法进行烧录，如图 2-49 所示。

（3）列表选项卡（Listing），具体设置如图 2-50 所示。

（4）用户选项卡（User），具体设置如图 2-51 所示。

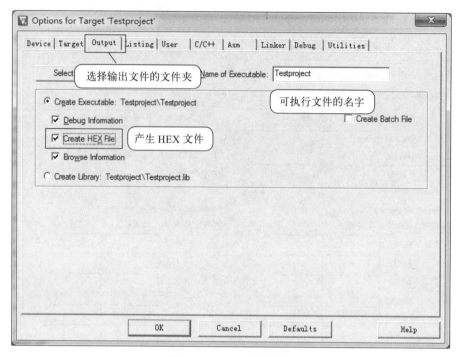

图 2-49　Output 选项卡

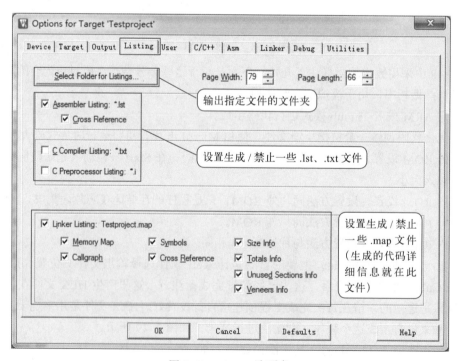

图 2-50　Listing 选项卡

（5）C/C++ 选项卡，在图 2-52 中进行预处理符号和头文件路径的设置，是为了让编译器能找到程序中包含的库文件，其实这和在程序中添加 #include<> 的原理是一样的，只不过 Keil 处理得更好一些。在 MX 软件生成的工程中，可以看到 C/C++ 选项已经配置完毕。

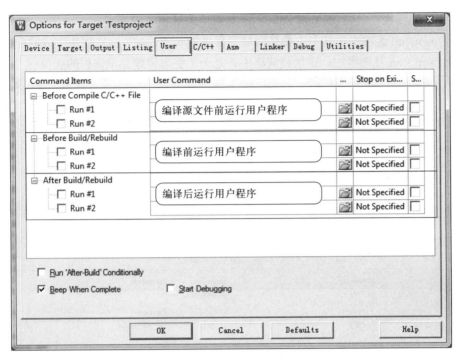

图 2-51　User 选项卡

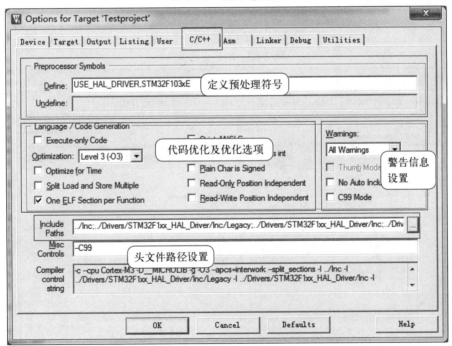

图 2-52　C/C++ 选项卡

（6）Asm 和 Linker 选项卡。Asm 是汇编选项卡，因为选用的是用 C 语言进行编程，所以不必理会。Linker 是连接选项卡，对于不是特别大或者特殊的程序，该选项卡的内容默认即可，编译器会自动按照设置生成连接选项。

（7）调试选项中（Debug）。图 2-53 所示为用 ST-Link 进行硬件的调试仿真，所以根据

CMX 配置好的工程，单击 Setting 按钮，进入硬件调试仿真设置界面，如图 2-54 所示。选择 Flash Download 选项卡，其中主要是对烧写程序的功能选项。MX 软件生成的配置是没有勾选 Reset and Run 复选框的，这里将其选中，是为了更方便地显示例程的现象。

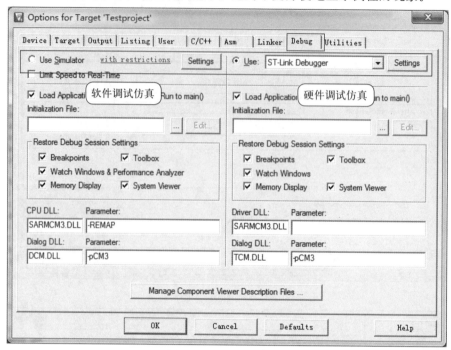

图 2-53　Debug 选项卡

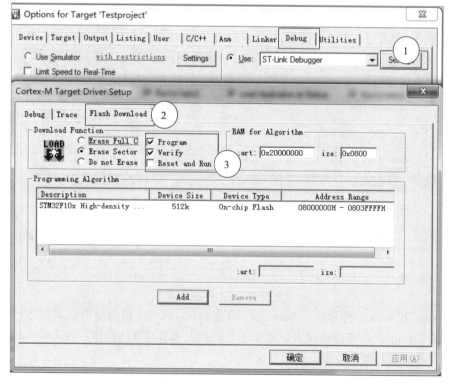

图 2-54　Debug 设置步骤

（8）在 HAL 库例程中，为了使整体的程序界面更加清晰，提高易读性，以及方便移植，对 MX 生成的工程进行了适当的修改。例如，流水灯的例程，是将 LED 引脚的配置单独使用一个文件，类似于标准库例程的 BSP。

（9）编译工程，单击编译所有文件按钮，可以看到如图 2-55 所示的编译输出窗口，出现 0 错误和 0 警告，此时单击"下载"按钮，即可将程序下载至开发板。

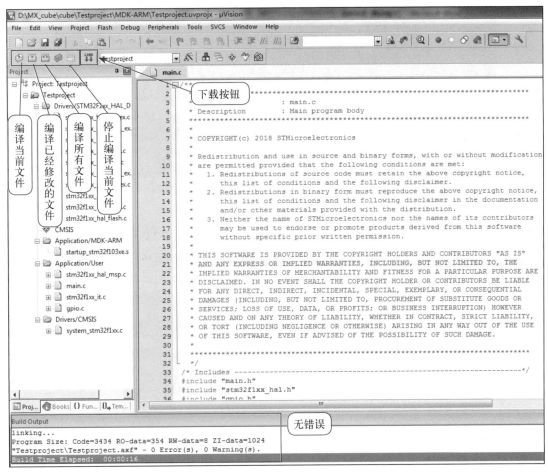

图 2-55　编译、下载

项目程序正确编译之后，通常还需要借助于专用的烧录芯片 Flash 的软件才能将编译好的可执行文件下载到芯片中。为了简化开发过程，可采用直接在 MDK 中下载程序。在接下来的 2.2.4 节中，将会详细讲解如何实现这一目的。

2.2.4　程序编译和下载

程序编写完成并且通过编译后，需要将其下载到 STM32 芯片当中。使用比较多的下载器（调试器）有 J-LINK 和 ST-LINK 等，本书采用一款小巧易用的下载器：DAP。因为前两者均有版权的限制，而 DAP 下载器则是整套开源的系统，而且不需要额外安装驱动程序，易于使用。不仅如此，DAP 还提供一个串口转 TTL 的功能，使得用户可以对核心板进行串口方面知识的学习。有兴趣的读者可以自行到 DAP 网站下载硬件原理图和固件，如同制作核心板一样自己制作一个下载调试器。图 2-56 所示为根据开源 DAP 设计的下载器和核心板。

图 2-56　根据开源 DAP 设计的下载器和核心板

读者简单地按照以下步骤进行设置，就可以轻松地实现使用 DAP 下载程序的功能。

（1）在 Keil 中选择"魔术棒"的 Debug 选项卡，选择 CMSIS-DAP Debugger，如图 2-57 所示。

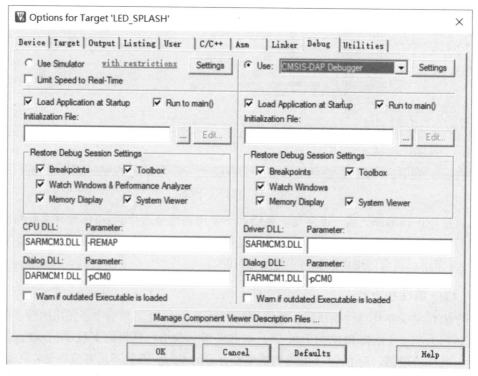

图 2-57　设置 Debug 选项卡

（2）在图 2-57 中单击 Settings 按钮，在弹出的对话框当中进行简单的设置，如图 2-58 所示。

- 在 CMSIS-DAP-JTAG/SW Adapter 中，选择 CMSIS-DAP、SW 端口、10MHz 最大时钟。
- 在 SW Device 当中，观察是否有对应设备号，如果有类似"Communication Failure"之类的信息，则表明调试器有错误。

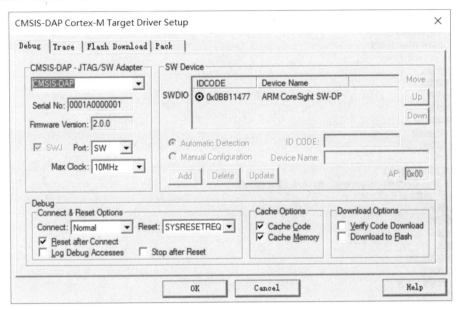

图 2-58　设置 SWD 方式接口

（3）对于特定的芯片，为其选择特定的 Flash 算法，单击图 2-57 中的 Flash Download 选项卡，如图 2-59 所示。F0 的 Flash 算法已经有了，如果是其他类型的 Flash，则需要单击 Add 按钮进行算法添加。

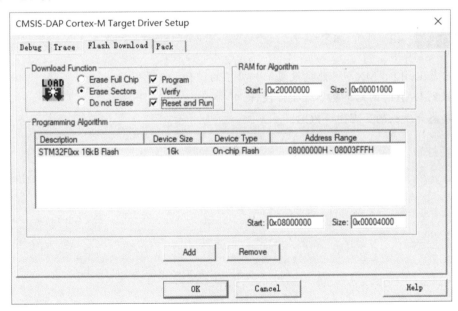

图 2-59　设置 Flash Download 选项卡

（4）连接上 DAP 调试器之后，可以在设备管理器的端口项中查看到调试器对应的串口设备，如图 2-60 所示。

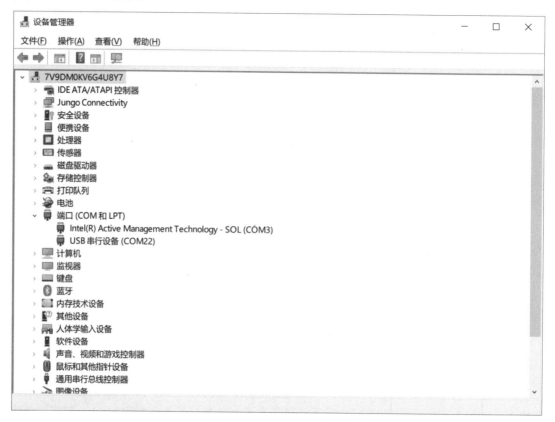

图 2-60　DAP 提供的串口

习　　题

1. 安装 Keil 5、MX，并熟悉设置、打补丁的过程。
2. 找到 DAP 的网站，熟悉软硬件设计。
3. 熟悉开发板的原理图、PCB。

第 **3** 章

流 水 灯

从本章开始到第 7 章，都是对 STM32 基础开发的回顾，通过这几个基础的案例熟悉 HAL 开发的基本步骤。

"流水灯"可以看作是单片机编程的"Hello World"示例，当然也是本书 STM32 编程的第一个示例程序。通过对 LED 灯的操作体现了单片机硬件的最基本功能：控制引脚输出高低电平。本章将实现流水灯效果编程，并详细分析代码的实现方法。

3.1 理论介绍

截至目前，我们已经看到了开发板，并且认识了 STM32 芯片的外观模样。本节需要重点观察一下芯片的引脚，并且通过现象了解它们的工作原理。如图 3-1 所示，芯片四周的金属引脚，也称为"引脚"或者 Pin，单片机通过这些引脚与外部进行通信。

硬件工程师通过电气符号来代表 STM32 单片机，四周的连线对应着它的所有引脚。通过原理图，可以非常清晰地看出单片机的引脚都连到何处，起什么作用。图 3-2 所示为配套开发板的引脚分布，其中以 LED 开头的引脚就是控制 LED 灯对应的引脚。

图 3-1　单片机引脚

3.1.1 引脚分类

从图 3-2 中可以看到 STM32F103RCT 这款芯片一共有 64 个引脚。在这 64 个引脚当中，可以简单地对它们进行分类。

（1）I/O引脚：有部分引脚被标为PAx、PBx等，这类引脚通常称为I/O口。

（2）电源引脚：标有 VSS、VDD 的引脚，顾名思义，这些引脚用来接电源和地。

（3）BOOT 引脚：用来设置启动模式（Flash、SRAM、ISP）。

（4）RESET 引脚：用来重置单片机。

（5）VBAT 引脚：接电池。

如果需要设计绘制PCB，则需要关注所有的引脚，尤其是电源引脚。在这几章当中主要关注芯片的控制功能，因此只需要关心那些 I/O 引脚即可。

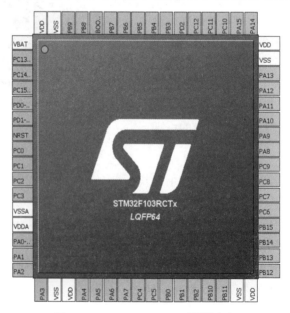

图 3-2　单片机的原理图表示

STM32F103RCT6 引脚分布如图 3-3 所示，通过此图可以更清晰地看到芯片引脚的分布。

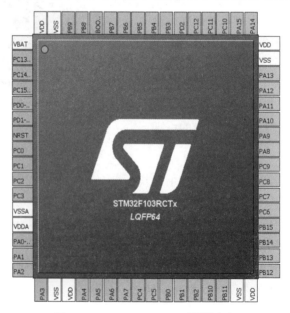

图 3-3　STM32F103RCT6 引脚分布

3.1.2 端口 Port

从图 3-3 中可以看出，F103 有很多 I/O 引脚，为了方便管理，可以将 I/O 引脚细分为不同的端口。例如，PA0~PA15 这 16 根引脚，称其属于端口 PA。类似地，单片机还有 PB、PC 和 PD 端口，每个端口都有 16 根引脚。在后续编程中，配置和使用引脚常常以一个端口为单位，就可以同时对这 16 根引脚进行操作。

3.1.3 GPIO 简介

有一点可能会令初学者感到意外，那就是 I/O 引脚的功能不是固定的。用户可以通过程序配置，让这个 I/O 引脚作为 GPIO 引脚或者外设引脚。

GPIO（General-Purpose Input/Output，通用输入 / 输出）是单片机 I/O 引脚的一种功能形式。在嵌入式系统中，经常需要控制许多结构简单的外围设备或者电路，这些设备有的需要通过 CPU 控制，有的需要 CPU 提供输入信号。并且，许多设备或电路只要求有开 / 关两种状态就够了，如 LED 的亮与灭。对这些设备的控制，使用传统的串口或者并口就显得比较复杂，所以，在嵌入式微处理器上通常提供了一种"通用可编程 I/O 端口"，也就是 GPIO。

简单地说，当用户需要用 I/O 引脚来控制外部一个 LED 或者读取外部一个按钮时，就需要配置该引脚为 GPIO 功能。GPIO 可以输出一个高电平或者一个低电平，取决于代码当中是赋值 0 还是 1。

外设，是单片机特有的一些功能，如串口。这些外设功能，同样需要 I/O 引脚，这时就将引脚配置为外设功能。例如，当单片机需要和外接通信串口通信时，至少需要两个引脚，此时就可以通过配置，将两个 I/O 引脚配置为外设功能。

之所以出现这种引脚复用的现象是因为单片机本身的资源有限，虽然看起来引脚众多，但实际应用时这些引脚还是不够用的。因此，单片机的设计者将很多引脚都设计为多功能的引脚，并没有预先定死其功能模式，而是在实际应用时需要用到什么功能，就配置什么功能。

本章要实现流水灯的功能，也就是需要单片机的引脚去控制外部 LED 灯，这是一项典型的 GPIO 功能，因此在编写程序之初就需要将相应的引脚配置为 GPIO 功能（通常单片机引脚默认是 GPIO 功能模式）。

3.1.4 GPIO 模式配置

在将引脚配置为 GPIO 之后，为实现不同工作条件要求，GPIO 有 8 种工作模式，通过配置 GPIOx_CRL 或 GPIOx_CRH 寄存器可以非常方便地控制，如图 3-4 所示。

模式配置	GPIOx_CRL 或 GPIOx_CRH 寄存器		GPIOx_ODR 寄存器
	CNF[1:0]	MODE[1:0]	
输入浮空	01	00	不使用
输入上拉	10		1
输入下拉	10		0
模拟输入	00		不使用
开漏通用输出	01	00:变为输入模式	0 或 1
推挽通用输出	00	01:最高 10MHz	0 或 1
推挽复用功能输出	10	10:最高 20MHz	不使用
开漏复用功能输出	11	11:最高 50MHz	不使用

图 3-4 GPIO 模式

图 3-4 中前 4 个是引脚用来输入时的工作模式，后 4 个是输出时的工作模式。

1．输入浮空

该模式是 STM32 复位之后的默认模式，相对于上拉或者下拉输入模式而言，浮空就是不上拉也不下拉。

2．输入上拉、下拉

简单地理解，引脚在没有输入干扰时，上拉就是被自动拉高到高电平；下拉就是被自动拉低到低电平。

3．模拟输入模式

当 STM32 需要进行 A/D（模 / 数）转换时，需要把引脚设置为模拟输入模式，该模式需要配合 ADC 外设使用，否则没有意义。

4．开漏通用、推挽通用和开漏复用、推挽复用

通用输出指的是单纯的是 GPIO 输出控制，而复用输出指的是用作外设输出；开漏的作用是提高引脚的输入电流能力，而推挽的作用是提高引脚的输出能力。

在 HAL 当中，将这些模式归类定义为 GPIO_MODE_INPUT、GPIO_MODE_OUTPUT_PP 等，详见 stm32f1xx_hal_gpio.h，在此不一一列出。

3.1.5　HAL 库函数

本节是核心内容。正是通过调用以下几个 HAL 库函数，才可以实现 LED 灯的控制以及流水灯。依托于 HAL 库的框架，在实现某个 GPIO 输出高 / 低电平时，只需要简单地调用函数即可。通常情况下，只需要以下 3 个函数就可以实现很多的操作。

```
GPIO_PinState HAL_GPIO_ReadPin(GPIO_TypeDef*GPIOx,uint16_t GPIO_Pin);
void HAL_GPIO_WritePin(GPIO_TypeDef*GPIOx,uint16_t GPIO_Pin,GPIO_
PinState PinState);
void HAL_GPIO_TogglePin(GPIO_TypeDef *GPIOx, uint16_t GPIO_Pin);
```

顾名思义，上面 3 个函数分别起到读取、写入和切换引脚状态的作用。例如，用户需要引脚 PC11 输出低电平，则可以编写如下代码。

```
HAL_GPIO_WritePin (GPIOC, GPIO_PIN_11,GPIO_PIN_RESET);
```

3.2　硬件设计

在配套开发板上，共有 9 盏 LED 灯。其中一盏是电源指示灯，当系统正常上电时这盏灯会保持长亮；其余 8 盏 LED 灯各被一个引脚控制，电路设计如图 3-5 所示。

从图中可以看到 LED 灯的一端接 3.3 V 高电平，另外一端通过一个 510 Ω（电路图中习惯标为 510R）的电阻连接单片机的引脚（电路图中标注为 LED0_PC11、LED1_PC12 等）。

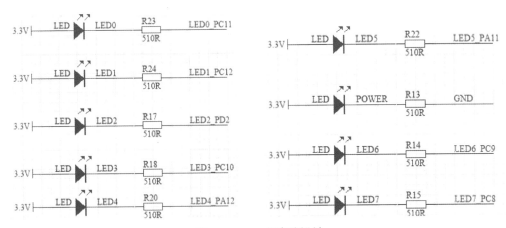

图 3-5   LED 灯电路设计

从图 3-5 中可以看出，如果想点亮 LED 灯，则只需要将其对应的引脚电平置为低电平即可。当需要实现类似流水灯的效果时，则需要多个引脚按照一定时序输出低电平或高电平，详细的实现过程将在下文进行讲解。

3.3   软件设计

在明确了硬件原理之后，就进入了软件编程阶段。在后续章节，软件编程部分将保持一致，就是首先是软件编程思路，然后是 MX 生成工程，最后是关键代码分析。

3.3.1   软件编程思路

所谓流水灯，其实有很多种类型，本书中的流水灯指的是 LED 灯初始全熄灭状态，然后依次点亮，直到全部点亮之后，再回到全熄灭状态。然后继续这样的循环，流程如图 3-6 所示。

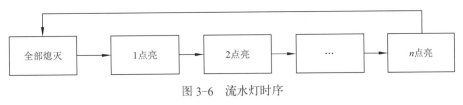

图 3-6   流水灯时序

3.3.2   MX 生成工程

关于使用 MX 生成工程，在第 2 章的 2.2 节已经介绍过，这里再按照步骤简单做个流程，如果有疑问，可以回顾一下第 2 章的相关内容。

（1）选择 File → New Project 命令新建工程，如图 3-7 所示。

（2）选择 STM32RCTx 系列的芯片，单击 Start Project 按钮新建项目，如图 3-8 所示。

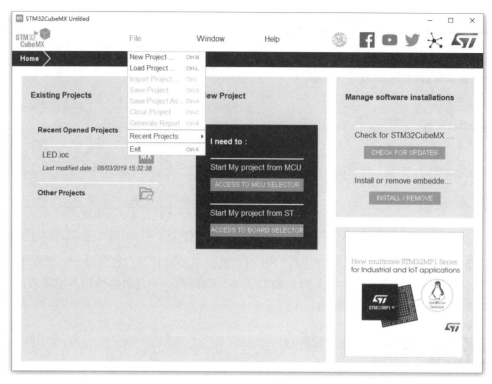

图 3-7　新建工程

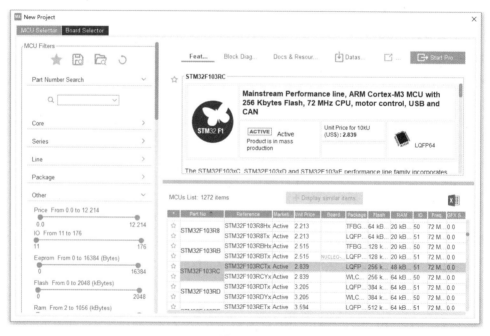

图 3-8　选择开发板芯片型号

（3）在 SYS 选项下，选择 Debug 模式为 Serial Wire，可以看到右侧引脚图的 PA13、PA14 引脚自动变为调试下载引脚。如果用户忘记设置这个选项，很有可能导致下载一次程序，第二次开始就无法进行下载。图 3-9 所示为设置下载调试界面。

图 3-9　设置下载调试界面

（4）在 RCC 选项下，分别设置高速晶振和低速晶振（有时，低速晶振不使用），设置晶振后，在 Clock Configuration 页面中才可以对系统时钟进行详细设置，如图 3-10 所示。

图 3-10　设置晶振

（5）单击单片机的相应引脚，设置为输出模式，如图 3-11 所示。

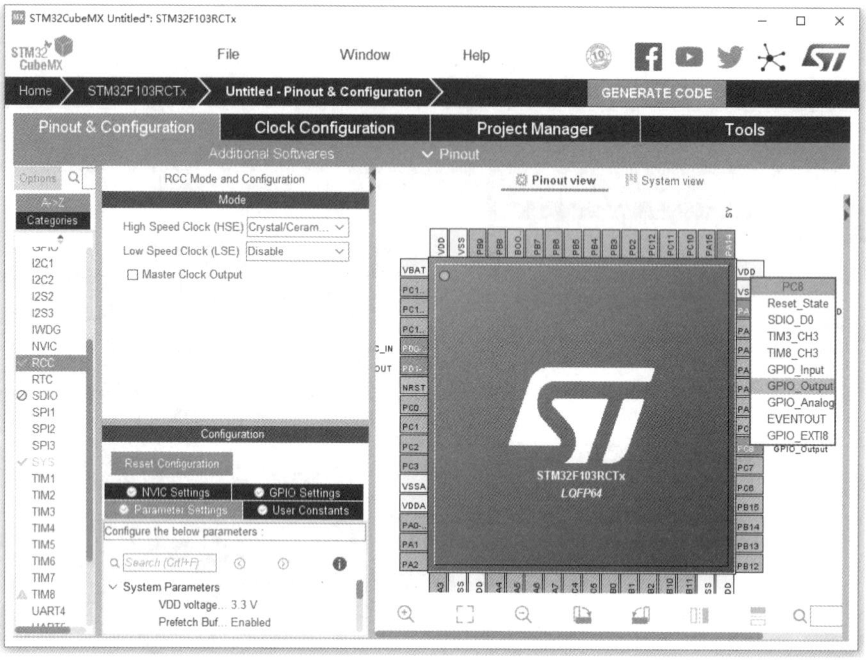

图 3-11　设置引脚

这里的设置需要和实际的硬件原理图保持一致，如果不一致，软件和硬件就互相冲突。所以在项目设计过程中，需要对这些引脚有比较详细的设置，制作出文档。在项目设计过程中，不应该随意更改，以保持软硬件的一致性。引脚设置完成后，分布如图 3-12 所示。

图 3-12　8 个输出引脚的分布

（6）引脚分配成输出模式后，还需要针对引脚进一步进行设置，如图 3-13 所示，在 GPIO 设置中，选择引脚设置输出速度、是否上拉、下拉等。在前面的基础内容当中，曾对这些模式进行详细讲解，这里不再一一叙述。

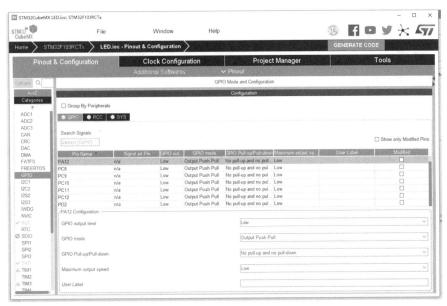

图 3-13　GPIO 设置

（7）设置系统时钟。在 Clock Configuration 界面当中（见图 3-14），选择外部时钟晶振 12M、HSE、CSS Enabled，最后，在 PCLK 中输入目的时钟频率 72M 并按【Enter】，软件会自动计算所有的时钟配置参数。

MX 的时钟配置功能对广大 STM32 开发人员，尤其是刚入门者来说作用很大，它简化了之前配置时钟所需要的复杂代码的编写。

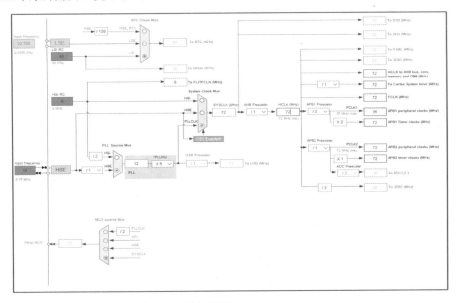

图 3-14　时钟配置 Clock Configuration

（8）进行 Project 页面的设置，如图 3-15 所示。

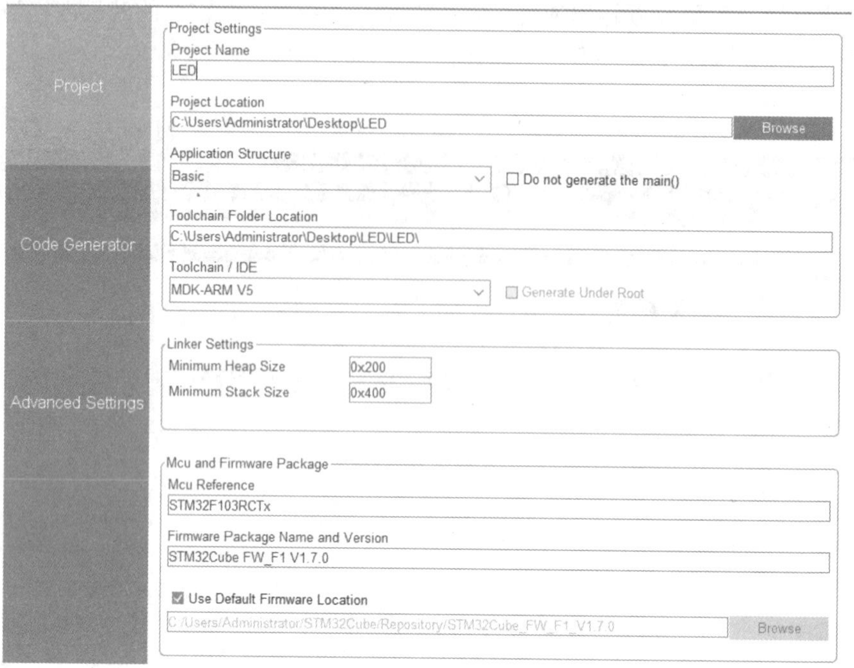

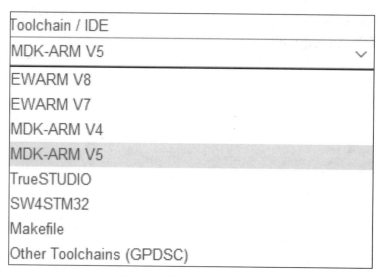

图 3-15　设置 Project 页面

　　在上述配置页面中，选择工程名、存储位置、对应 IDE 和 MCU 固件包。比较方便的是，MX 生成的工程代码可以适配 EWARM、MDK 等多个 IDE。这里选择 MDK-ARM V5，如图 3-16 所示。

Toolchain / IDE
MDK-ARM V5　　　　　　　　　　⌄
EWARM V8
EWARM V7
MDK-ARM V4
MDK-ARM V5
TrueSTUDIO
SW4STM32
Makefile
Other Toolchains (GPDSC)

图 3-16　设置 Toolchain/IDE

（9）在 Code Generator 中，选择为每个外设单独生成文件，如图 3-17 所示。

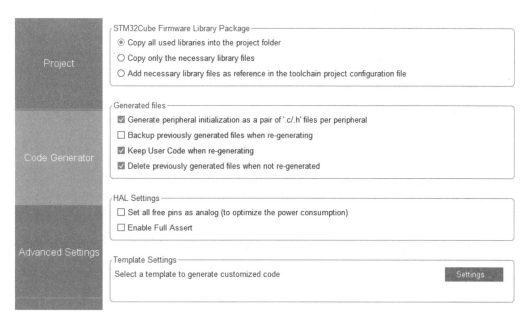

图 3-17　设置 Code Generator 页面

（10）上述所有的配置完成后，保存工程，然后单击 GENERATOR CODE 按钮，即可生成工程代码，如图 3-18 所示。

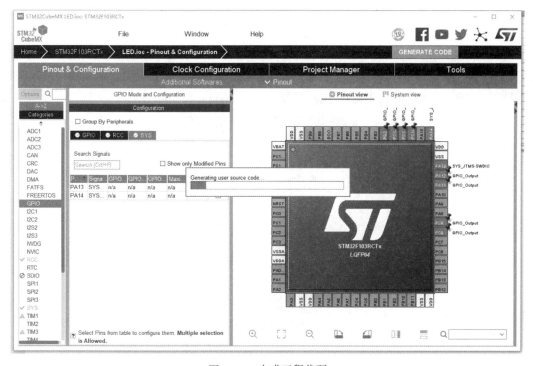

图 3-18　生成工程代码

（11）在弹出的对话框中，单击 Open Project 按钮（见图 3-19），即可调用 Keil 打开自动生成的工程文件。即在没有写一行代码的前提下，就可以搭建出工程 90% 以上的框架内容。

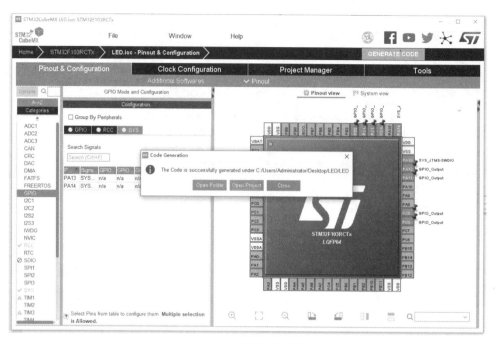

图 3-19　正确生成工程

3.3.3　关键代码分析

1．代码框架

本节首先会用较大的篇幅叙述代码的总体结构，在后续的章节学习中，将不再一一描述，因为所有练习的代码结构框架都是一样的。图 3-20 所示为生成工程的目录层次，从中可以看到基本上所需要编辑的代码都在 User 目录下，如 main.c 和 gpio.c。

图 3-20　生成代码目录

（1）gpio.c。在这个文件中，主要是一个函数 MX_GPIO_Init()，所有在 MX 当中针对 GPIO 的配置都会出现在这个函数里。

```
void MX_GPIO_Init(void)
{
    GPIO_InitTypeDef GPIO_InitStruct={0};
    __HAL_RCC_GPIOD_CLK_ENABLE();
    HAL_GPIO_WritePin(GPIOC,
                GPIO_PIN_8|GPIO_PIN_9|GPIO_PIN_10|GPIO_PIN_11
                |GPIO_PIN_12,GPIO_PIN_RESET);
    GPIO_InitStruct.Pin=GPIO_PIN_8|GPIO_PIN_9|GPIO_PIN_10|GPIO_PIN_11
                |GPIO_PIN_12;
    GPIO_InitStruct.Mode=GPIO_MODE_OUTPUT_PP;
    GPIO_InitStruct.Pull=GPIO_NOPULL;
    GPIO_InitStruct.Speed=GPIO_SPEED_FREQ_LOW;
    HAL_GPIO_Init(GPIOC,&GPIO_InitStruct);
}
```

从上述代码中可以看到，系统对 PIN_8 等几个引脚进行了相应的初始化。其中出现的结构体类型 GPIO_InitTypeDef 以及 3 个 HAL 库函数将在下文进行讲解。

另外，读者可能会注意到文件中有许多以下注释。

```
/*USER CODE BEGIN 0*/
/*USER CODE END 0*/
```

这是提醒用户放置代码的位置，在这种地方新增代码，不会被 MX 生成代码覆盖。

（2）main.c。默认其中包含 main() 函数、SystemClock_Config() 函数、Error_Handler() 函数和一个断言。main() 函数结构很清晰，调用 HAL_Init() 初始化系统，调用 SystemClock_Config() 初始化时钟，MX_GPIO_Init() 初始化 GPIO，然后进入 while 循环，与常见的 51 单片机程序结构一模一样。

```
int main(void)
{
    HAL_Init();
    SystemClock_Config();
    MX_GPIO_Init();
    while (1)
    {
    //主体代码，此处暂时略过，详细代码见下文的流水灯代码实现部分
    }
}
```

在 MX 当中对时钟进行的配置将会体现在 SystemClock_Config() 函数中。有兴趣的读者可以对时钟树进行详细分析，然后才能理解这个函数的内部代码并对其进行修改。对于初学者而言，则暂时无须花费太多时间在这个函数上。

```
void SystemClock_Config(void)
{
```

```
RCC_OscInitTypeDef RCC_OscInitStruct={0};
RCC_ClkInitTypeDef RCC_ClkInitStruct={0};
/**Initializes the CPU,AHB and APB busses clocks
*/
RCC_OscInitStruct.OscillatorType=RCC_OSCILLATORTYPE_HSE;
RCC_OscInitStruct.HSEState=RCC_HSE_ON;
RCC_OscInitStruct.HSEPredivValue=RCC_HSE_PREDIV_DIV1;
RCC_OscInitStruct.HSIState=RCC_HSI_ON;
RCC_OscInitStruct.PLL.PLLState=RCC_PLL_ON;
RCC_OscInitStruct.PLL.PLLSource=RCC_PLLSOURCE_HSE;
RCC_OscInitStruct.PLL.PLLMUL=RCC_PLL_MUL6;
if(HAL_RCC_OscConfig(&RCC_OscInitStruct)!=HAL_OK)
{
    Error_Handler();
}
/**Initializes the CPU,AHB and APB busses clocks
*/
RCC_ClkInitStruct.ClockType=RCC_CLOCKTYPE_HCLK|RCC_CLOCKTYPE_SYSCLK
                            |RCC_CLOCKTYPE_PCLK1|RCC_CLOCKTYPE_PCLK2;
RCC_ClkInitStruct.SYSCLKSource=RCC_SYSCLKSOURCE_PLLCLK;
RCC_ClkInitStruct.AHBCLKDivider=RCC_SYSCLK_DIV1;
RCC_ClkInitStruct.APB1CLKDivider=RCC_HCLK_DIV2;
RCC_ClkInitStruct.APB2CLKDivider=RCC_HCLK_DIV1;

if(HAL_RCC_ClockConfig(&RCC_ClkInitStruct,FLASH_LATENCY_2)!=HAL_OK)
{
    Error_Handler();
}
/**Enables the Clock Security System
*/
HAL_RCC_EnableCSS();
}
```

Error_Handler() 函数是提供给用户一个接口，当出现错误时调用用户自己的处理方法，本书中没有在此函数中额外增加代码。

```
void Error_Handler(void)
{
    /* USER CODE BEGIN Error_Handler_Debug */
    /* User can add his own implementation to report the HAL error return state */

    /* USER CODE END Error_Handler_Debug */
}
```

了解了生成代码的结构，也就清楚了应该在何处编写代码，在何处修改代码。以本节的流水灯为例，主体代码就在 while 循环中进行 LED 灯点亮与熄灭工作。

2．GPIO 外设结构体

HAL 库为每个外设（GPIO 除外）创建了两个结构体：一个是外设初始化结构体；另一个是外设句柄结构体。其中 GPIO 没有句柄结构体。这两个结构体都是定义在外设对应的驱动头文件中，如 stm32f1xx_hal_usart.h 文件。初始化结构一般作为句柄结构体的一个成员通过指针被引用，而句柄结构体则在外设 HAL 函数库实现被使用，如 stm32f1xx_hal_usart.c 文件。两个结构体内容几乎包括了外设的所有可选属性，理解这两个结构体内容对用户编程非常有帮助。

GPIO 外设只有一个初始化结构体，没有句柄结构体，所以 GPIO 初始化结构体直接在 stm32f1xx_hal_gpio.c 文件中与相关初始化函数配合使用完成 GPIO 外设初始化配置。代码如下：

```
typedef struct
{
    uint32_t Pin;
    uint32_t Mode;
    uint32_t Pull;
    uint32_t Speed;
} GPIO_InitTypeDef;
```

（1）Pin：引脚编号选择。一个 GPIO 外设有 16 个引脚可选，这里根据电路原理图选择目标引脚，参数可选 GPIO_PIN_0、…、GPIO_PIN_15 和 GPIO_PIN_ALL。很多时候可以使用或运算选择多个，如 GPIO_PIN_0|GPIO_PIN_4。

（2）Mode：引脚工作模式选择。前面内容介绍了引脚有 8 种基本工作模式，结合到具体的外设可以有 13 种模式可选，如图 3-21 所示。

引脚工作模式	功能说明
GPIO_MODE_INPUT	浮空输入模式
GPIO_MODE_OUTPUT_PP	推挽输出模式
GPIO_MODE_OUTPUT_OD	开漏输出模式
GPIO_MODE_AF_PP	推挽复用功能输出模式
GPIO_MODE_AF_OD	开漏复用功能输出模式
GPIO_MODE_AF_INPUT	复用功能输入模式
GPIO_MODE_ANALOG	模拟输入模式
GPIO_MODE_IT_RISING	外部中断模式：上升沿触发
GPIO_MODE_IT_FALLING	外部中断模式：下降沿触发
GPIO_MODE_IT_RISING_FALLING	外部中断模式：上升沿和下降沿都触发
GPIO_MODE_EVT_RISING	外部事件模式：上升沿触发
GPIO_MODE_EVT_FALLING	外部事件模式：下降沿触发
GPIO_MODE_EVT_RISING_FALLING	外部事件模式：上升沿和下降沿都触发

图 3-21　GPIO 引脚工作模式选择

（3）Pull：上拉或者下拉选择，用于输入模式。可选 GPIO_NOPULL（不上拉）；GPIO_PULLUP（使能上拉）；GPIO_PULLDOWN（使能下拉）。

（4）Speed：引脚最大输出速度。可选 GPIO_SPEED_FREQ_LOW：低速（2 MHz）；中

速（10 MHz）；高速（50 MHz）。

3．流水灯代码实现

使能 GPIO 端口时钟；初始化 GPIO 引脚，即为 GPIO 初始化结构体成员赋值，并调用 HAL_GPIO_Init() 函数完成初始化配置；根据项目要求控制引脚输出高低电平。限于篇幅问题，不会把例程所有代码贴出分析，只挑重点程序段分析。代码如下：

```
while (1)
{
   /*USER CODE BEGIN 3*/
   HAL_GPIO_TogglePin(GPIOA,GPIO_PIN_11|GPIO_PIN_12);
   HAL_GPIO_TogglePin(GPIOC,GPIO_PIN_8|GPIO_PIN_9|GPIO_PIN_10|GPIO_
PIN_11|GPIO_PIN_12);
   HAL_GPIO_TogglePin(GPIOD,GPIO_PIN_2);
   HAL_Delay(1000);
}
/*USER CODE END 3*/
```

程序结构非常简单，在 while 循环中，通过调用 HAL_GPIO_TogglePin() 函数来切换 LED 灯的状态；通过 HAL_Delay() 函数来延时 1 s。通过这样简单的几行代码，就可以实现流水灯。

如果读者好奇，想要追踪 HAL 库函数的源代码实现也非常方便，选中 HAL_GPIO_WritePin() 这些库函数，然后按【F12】键或者单击 Go To Definition of 'HAL_GPIO_WritePin' 即可在 MDK 当中跳转到库函数实现，如图 3-22 所示。

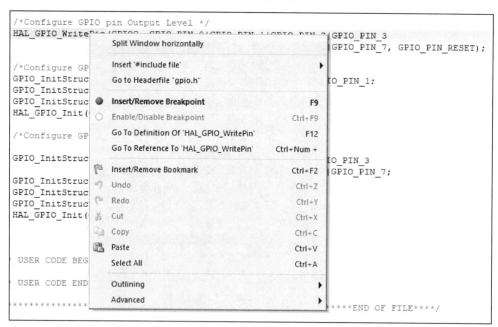

图 3-22　跳转到 HAL_GPIO_WritePin 库函数的源代码

研究库函数是提高编程水平的一个好办法，仔细观察库函数源码，会发现它其实是对寄存器进行的读／写。库函数 HAL_GPIO_WritePin() 定义在 stm32f1xx_hal_gpio.c 文件中，有

3 个形参，第一个为 GPIO_TypeDef 类似指针变量，用于指定端口，一般用 GPIOA、GPIOB 等赋值；第二个为 GPIO_Pin，指定引脚编号，可用 GPIO_PIN_0 到 GPIO_PIN_15 赋值；第三个为引脚状态，可用 GPIO_PIN_SET 或者 GPIO_PIN_RESET 赋值，分别对应指定引脚输出高电平和低电平。代码中出现的 assert_param() 就是所谓的"断言"，它是定义在 stm32f1xx_hal_conf.h 文件的一个宏定义。宏定义 IS_GPIO_PIN 和 IS_GPIO_PIN_ACTION 分别用来判断 GPIO_Pin 和 PinState 这两个参数输入是否合法，如果不合法该宏定义运行结果就为 0。

```
void HAL_GPIO_WritePin(GPIO_TypeDef *GPIOx, uint16_t GPIO_Pin, GPIO_
PinState PinState)
  {
    /* Check the parameters */
    assert_param(IS_GPIO_PIN(GPIO_Pin));
    assert_param(IS_GPIO_PIN_ACTION(PinState));

    if (PinState != GPIO_PIN_RESET)
    {
      GPIOx->BSRR = GPIO_Pin;
    }
    else
    {
      GPIOx->BSRR = (uint32_t)GPIO_Pin << 16U;
    }
  }
```

HAL_GPIO_TogglePin() 函数也是定义在 stm32f1xx_hal_gpio.c 文件中的，它是直接修改 GPIOx_ODR 寄存器值实现的。

下面介绍针对 GPIO 的高级操作：流水灯效果。

流水灯效果 1：这种流水灯效果下，初始状态是所有灯都熄灭，从左到右依次点亮 LED。相关代码如下：

```
void LedEffect1()
{
}
```

流水灯效果 2：这种流水灯效果下，初始状态是所有灯都熄灭，从右到左依次点亮 LED。

流水灯效果 3：这种流水灯效果下，初始状态是所有灯都熄灭，从中间开始向两侧依次点亮 LED。

流水灯效果 4：这种流水灯效果下，初始状态是所有灯都熄灭，从两头开始向中间依次点亮 LED。

4．main.c

main.c 存放了 main() 函数。在 STM32 芯片上电之后，经过一系列内部基本工作环境配置之后就会执行 main() 函数。函数首先调用 HAL_Init() 函数，该函数是预初始化系统：复位所有外设，初始化 Flash 接口和系统滴答定时器，定义在 stm32f1xx_hal.c 文件中。用户不需要修改该函数内容，一般在 main() 函数开始处调用即可。

接下来，调用 SystemClock_Config() 函数配置系统时钟，该函数也是定义在 main.c 文件中的，稍后详细分析。这里知道它使能并配置了系统时钟，一般配置系统时钟为 72 MHz，并启动了滴答定时器功能。

然后，调用 MX_GPIO_Init() 函数完成 2 个 LED 灯的初始化配置。最后，程序就在无限循环里运行了。可通过 switch 选择语句实现流水灯效果，count 变量值会在每次循环加 1，这样每次循环就执行 switch 语句中的一个分支，当 count=2 后再次执行 count++，得到 count=3 时，让其重新赋值为 0，HAL_Delay() 函数是 HAL 库的一个延时函数，延时单位一般为 1 ms，所以这里就是延时 1 s 的时间。

编译成功后，即可进行程序烧录并观察开发板上的 LED 灯是否正常运行。

习　　题

1. 设计并实现 6 种流水灯模式，如左右流动、中间向两端流动等模式。

2. 通过 8 位 LED 显示一个 char 类型数据的 8 位，如果某一位是 1，则对应的 LED 亮；若某一位是 0，则对应的 LED 熄灭。

3. 编程实现 8 位 LED 以二进制计数的方式递减 1。

4. 编程实现 8 位 LED 以二进制计数的方式累加 1。

5. 编程实现 8 位 LED 以二进制计数的方式累加 4。

第4章

按键－轮询检测

按键，是很多设备上的必要部件。本章将利用 GPIO 的输入功能来读取按键状态，当按键按下或弹起时执行相应动作。核心板上集成了 3 个独立按键，其中一个是 reset 按键，另外两个可以作为输入按键。在本章当中，当检测到按键被按下时，就改变 LED 灯状态。为了获取按键状态，需要读取按键连接 STM32 的引脚电平，并且这个过程是需要在无限循环里进行的，即程序总是在监控按键状态。所用到的是 GPIO 的相关知识，在第 3 章使用的是 GPIO 输出的功能模式，本章则使用其输入的功能模式。

4.1　硬件设计

在配套开发板上，共有 5 个按键。其中一个按键是 reset，其余 4 个按键的电路如图 4-1 所示。从图中看到按键 UP 是通过电阻接 3.3 V，其余 3 个按键接地。因此在配置 GPIO 时，将按键 UP 设置为下拉模式，其余 3 个设置为上拉模式，使得读取更加准确。

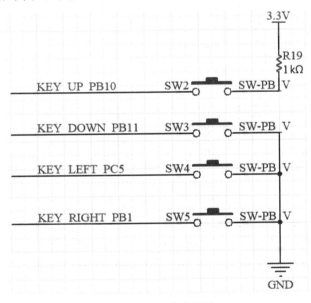

图 4-1　按键电路设计

普通的机械按键在按下时很难避免抖动效应，抖动过程的时间一般有 5 ~ 10 ms。消抖过程一般分为硬件消抖和软件消抖，本系统没有设计硬件消抖，需要在软件当中考虑消抖过程。

4.2　消抖

当按键被按下时，会有抖动，很容易会造成误操作。消抖方法可分为：硬件消抖和软件消抖。软件消抖就是通过程序控制实现消抖，一般有两种方法：延时读取和按键状态机。硬件消抖就是通过硬件电路来消除抖动，不同的硬件设计效果有所不同。系统的信号输入中，键盘因其结构简单而被广泛使用。因此，对键盘的输入（逻辑 0 或 1）进行准确采样，避免错误输入是非常有必要的。理想的键盘输入特性如图 4-2 所示：按键没有按下时，输入为逻辑 1，一旦按下则输入立刻变为逻辑 0，松开时输入则立刻变为逻辑 1。

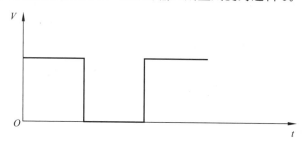

图 4-2　理想的键盘输入特性

然而实际的键盘受制造工艺等影响，其输入特性不可能如图 4-2 所示那样完美。当按键按下时，在触点即将完全接触这段时间里，键盘的通断状态很可能已经改变了多次。即在这段时间里，键盘输入了多次逻辑 0 和 1，也就是输入处于失控状态。如果这些输入被系统响应，则系统暂时也将处于失控状态，这是要尽量避免的。在触点即将分离到完全分离这段时间也是一样的。实际键盘的输入特性如图 4-3 所示。

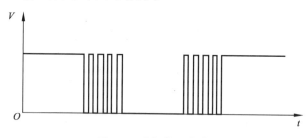

图 4-3　实际输入状态

由图 4-3 可以看到：键盘在输入逻辑转换时，实际上是产生了瞬时的高频干扰脉冲。按键消抖的目的在于消除此干扰，以达到接近图 4-2 所示的理想输入特性。有两个阶段可以设法消除此干扰：1. 在键盘信号输入系统之前（系统外）；2. 键盘信号输入系统以后（系统内）。

在信号输入系统之前将抖动干扰消除，可以节省系统资源，提高系统对其他信号的响应能力，也就是硬件消抖。一种比较巧妙的硬件消抖电路结构如图 4-4 所示。

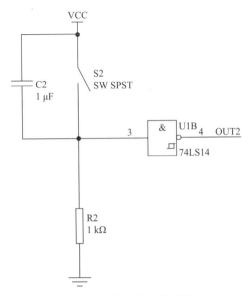

图 4-4　硬件消抖电路结构

软件消抖要占用系统资源，在系统资源充足的情况下使用软件消抖更加简单。软件消抖的实质在于降低键盘输入端口的采样频率，将高频抖动略去。实际应用中通常采用延时跳过高频抖动区间，然后再检测输入做出相应处理。一般程序代码如下：

```
if(value==0)      //一旦检测到键值
{
    Delay();      //延时20 ms,有效滤除按键的抖动
    if(value==0) //再次确定键值是否有效
    {
        ...       //执行相应处理
    }
}
```

4.3　软件设计

在明确了硬件原理之后，就进入了软件编程阶段。在后续章节当中，软件编程部分将保持一致，首先是软件编程思路，然后是 MX 配置生成工程，最后是 Keil 打开工程、修改、编译、调试和下载。

4.3.1　软件编程思路

按键检测有两种方案：循环检测或者中断检测。循环检测也称为轮询，顾名思义，就是单片机不断地去检测按键是否按下，在循环检测到有按键按下时，延时 10 ms 再去判断，如果还是按下状态，则认为确实检测到按键按下，进行 LED 灯状态的切换。在处理完事件后，还有一个监听代码，也就是说等按键状态弹回到原状态时才返回。中断检测按键的方式不需要单片机一直去检测，当按键按下时会自动触发中断，调用中断处理函数。循环读取按键状态流程图如图 4-5 所示。

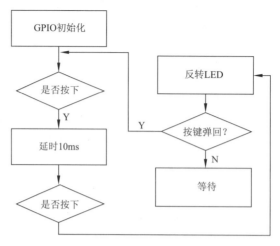

图 4-5　循环读取按键状态流程图

4.3.2　MX 生成工程

如前面章节描述的那样，新建 MX 工程，进行配置并生成工程。保留 LED 的输出引脚，另外根据电路图，设置 PC5、PB1、PB10 和 PB11 为输入引脚，如图 4-6 所示。

图 4-6　设置引脚

加上 LED 引脚，所有的 GPIO 显示在图 4-7 中，其中，4 个按键对应的引脚被修改了。

Pin Name	Signal on Pin	GPIO output level	GPIO mode	GPIO Pull-up/Pull-down	Maximum ..	User Label	Modified
PA11	n/a	Low	Output Push Pull	No pull-up and no pull-down	Low		☐
PA12	n/a	Low	Output Push Pull	No pull-up and no pull-down	Low		☐
PB1	n/a	n/a	Input mode	Pull-up	n/a		☑
PB10	n/a	n/a	Input mode	Pull-down	n/a		☑
PB11	n/a	n/a	Input mode	Pull-up	n/a		☑
PC5	n/a	n/a	Input mode	Pull-up	n/a		☑
PC8	n/a	Low	Output Push Pull	No pull-up and no pull-down	Low		☐
PC9	n/a	Low	Output Push Pull	No pull-up and no pull-down	Low		☐
PC10	n/a	Low	Output Push Pull	No pull-up and no pull-down	Low		☐
PC11	n/a	Low	Output Push Pull	No pull-up and no pull-down	Low		☐
PC12	n/a	Low	Output Push Pull	No pull-up and no pull-down	Low		☐
PD2	n/a	Low	Output Push Pull	No pull-up and no pull-down	Low		☐

图 4-7　GPIO 引脚

设置 PB10 为下拉模式（见图 4-8），其余 3 个引脚为上拉模式。所谓"上拉""下拉"是根据硬件而定的。例如，PB10 所连接按键的另一端接 3.3V。

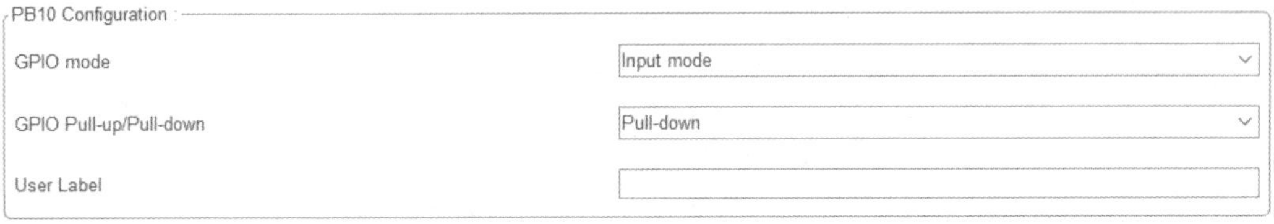

图 4-8　GPIO 引脚上拉 / 下拉

单击 GENERATE CODE 生成项目工程，打开工程并且首先编译，如果无误则可以进行相应的代码修改，如图 4-9 所示。这也是编程的主要方式：MX 生成初始化模板 +Keil 修改编辑代码。

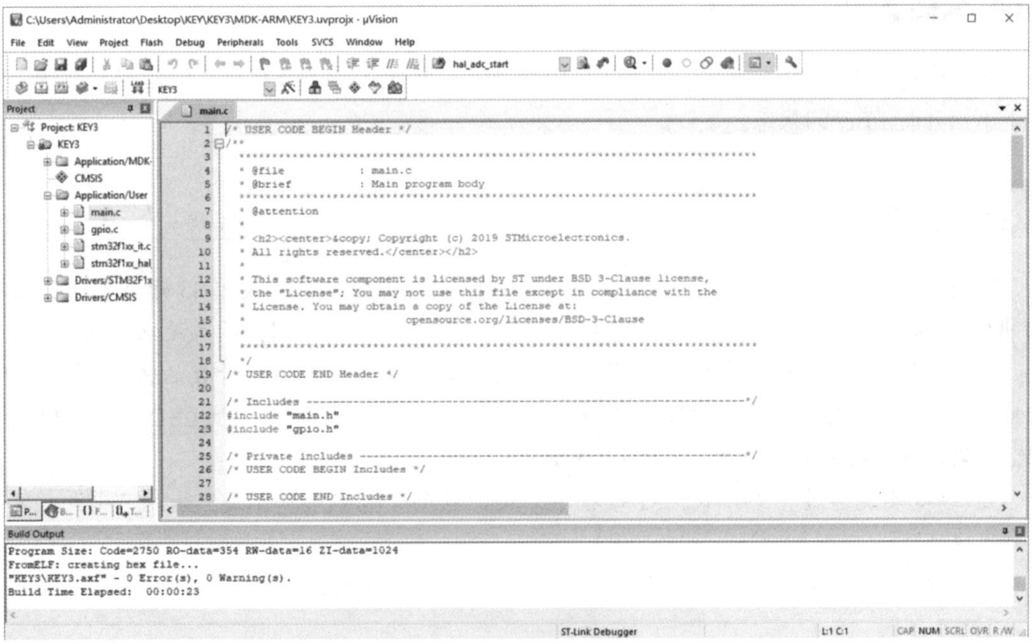

图 4-9　生成工程并编译

4.3.3 关键代码分析

MX 已经生成了 GPIO 初始化的相关代码，下面需要增加一些按键处理代码。限于篇幅，不会把例程所有代码贴出分析，只挑重点程序段分析。以下为轮询的关键代码：

```
while (1)
{
    if (HAL_GPIO_ReadPin(GPIOB,GPIO_PIN_10)==GPIO_PIN_SET)
    {
        HAL_Delay(10);
        if (HAL_GPIO_ReadPin(GPIOB,GPIO_PIN_10)==GPIO_PIN_SET)
        {
            HAL_GPIO_TogglePin(GPIOC,GPIO_PIN_11);
        }
        while (HAL_GPIO_ReadPin(GPIOB,GPIO_PIN_10)==GPIO_PIN_SET);
    }
    HAL_Delay(50);
}
```

程序结构非常简单，在 while 循环中，每隔 50 ms 就调用 HAL_GPIO_ReadPin 来判断按键对应引脚的状态，一旦判断按键按下，则消抖后进行 LED 显示切换。初学者可能会对 LED 切换后的 while 语句感到疑惑，其实这句代码的作用是如果按键没有弹起就不跳出循环，方便代码的逻辑判断。HAL_GPIO_ReadPin() 库函数和 HAL_GPIO_WritePin() 函数一样，表示读取某个引脚的电平高低，第一个单数是端口，可以是 GPIOA ~ GPIOG；第二个参数是哪一根引脚，可以是 GPIO_PIN_0 到 GPIO_PIN_15。

4.4 实验现象

在轮询检测下，UP 按键可以控制 LED0 的亮灭。根据本章的案例，可以观察当按钮一直按下不松开时 LED 的状态。

习 题

1. 编码实现通过轮询方式，S1 开启流水灯模式 1，S2 开启流水模式 2，S3 开启流水模式 3，S4 开启流水模式 4。（流水灯模式可以自行设计，如左右流动、中间向两端流动等模式）

2. 编码实现通过轮询方式，S1 每按下一次，8 位 LED 以二进制计数的方式累加 1；S2 每按下一次，8 位 LED 以二进制计数的方式递减 1；S3 每按下一次，8 位 LED 以二进制计数的方式累加 4；S4 每按下一次，8 位 LED 清 0（全熄灭或全点亮）。

3. 编码实现通过轮询方式，S1 每按下一次，数码管数字累加 1；S2 每按下一次，数码管数字递减 1。

4. 编码实现通过轮询方式，4 个按键可以控制播放 4 首歌曲。

按键－外部中断检测

与第4章的目的相同，本章也是获取按键的输入状态。第4章中在main()函数的主循环中，不断地去检测按键的状态，这样非常浪费宝贵的CPU资源，同时在某些时刻会导致系统的响应不及时。而外部中断的方式就比较好地解决了这个问题。软件中不需要关心按键何时按下，当按键按下时，硬件系统会自动通知软件进行处理。软件中只需要留一个中断处理函数即可，极大地简化了按键的软件设计。

5.1 中断

5.1.1 中断的概念

小明是一名STM32软件工程师，他每天都伏案编码，这是他每天的正常工作状态。突然，手机铃声响了，小明马上就停下手里的编码工作，去接电话，等到通话结束了，小明又回到了他伏案编码的日常状态。

上述的这个小故事，就是所谓的"中断"。也就是说，单片机平时可以正常执行任务，当某个事件发生（如按键按下）时，就会打断单片机的正常工作，单片机就暂停正在执行的任务，去响应处理突发的事件，处理完了再继续回到之前的任务。通常称这个突发事件为"中断"，单片机使用"中断处理函数"来处理突发事件。

STM32每个GPIO都可以作为中断输入引脚，另外还有一些内部资源中断，外部引脚中断可设置为多种模式，比如上升沿触发、下降沿触发、电平触发等模式。KEY1和KEY2按键被按下时会产生电平变化，可以作为中断触发源，对应地把KEY1和KEY2引脚设置为中断输入触发功能，当中断产生时，可以认为是按键按下或者弹开。相比上个例程的扫描式按键检测，使用中断按键检测，可以达到更高的反应速度。

在STM32上，除了按键，还有好多中断都可能打断CPU的运行。在芯片内有70个中断源，比如定时器中断、ADC中断、DMA中断等。如此多的中断，单片机对其管理一定很复杂，想象一下：有时两个或者两个以上的中断一起来临，或者正在处理一个中断服务函数时突然又有一个中断来临。以上种种情况微控制器要怎样运行呢？微控制器都有一个处理中断的机制。STM32系列芯片用到的机制是NVIC。

5.1.2　NVIC 简介

NVIC（Nested Vectored Interrupt Controller，嵌套向量中断控制器）控制着整个芯片中断相关的功能，它跟内核紧密耦合，是内核里面的一个外设。NVIC 寄存器定义在 core_cm3.h 文件中，CM3 内核支持 256 个中断，其中包含了 16 个内核中断和 240 个外部中断，并且具有 256 级的可编程中断设置。但 STM32 并没有使用 CM3 内核的全部东西，而是只用了它的一部分。STM32F103xE 芯片有 70 个中断，包括 10 个内核中断和 60 个可屏蔽中断，具有 16 级可编程的中断优先级，我们常用的就是这 60 个可屏蔽中断。

5.1.3　优先级分组

STM32 中的优先级分为两种：抢占式优先级和响应优先级，每个中断源都需要被指定这两种优先级。具有高抢占式优先级的中断可以在具有低抢占式优先级的中断处理过程中被响应，即中断嵌套，或者说高抢占式优先级的中断可以嵌套在低抢占式优先级的中断中。当两个中断源的抢占式优先级相同时，这两个中断将没有嵌套关系，当一个中断到来后，如果正在处理另一个中断，这个后到来的中断就要等到前一个中断处理完之后才能被处理。如果这两个中断同时到达，则中断控制器根据他们的响应优先级高低来决定先处理哪一个；如果他们的抢占式优先级和响应优先级都相等，则根据他们在中断表中的排位顺序决定先处理哪一个。

STM32 有 5 个优先级分组（见表 5-1），分组之后对所有的中断都有效，所谓的"分组"，就是抢占优先级和响应优先级分别可以分为多少种。

表 5-1　优先级分组

组别	HAL 库宏定义	抢占优先级	响应优先级
0	NVIC_PRIORITYGROUP_0	0 位：0	4 位：0 ~ 15
1	NVIC_PRIORITYGROUP_1	1 位：0 ~ 1	3 位：0 ~ 7
2	NVIC_PRIORITYGROUP_2	2 位：0 ~ 3	2 位：0 ~ 3
3	NVIC_PRIORITYGROUP_3	3 位：0 ~ 7	1 位：0 ~ 1
4	NVIC_PRIORITYGROUP_4	4 位：0 ~ 15	0 位：0

通过表 5-1，可以清楚地看到组 0~4 对应的配置关系，例如组设置为 2，那么此时所有的 70 个中断，每个中断的中断优先寄存器的高 4 位中的最高 2 位是抢占优先级，低 2 位是响应优先级。每个中断，可以设置抢占优先级为 0~4，响应优先级也可设置为 0~4。抢占优先级的级别高于响应优先级。

通常在 HAL_Init() 函数中调用优先级分组函数，默认设置为组 0，可以在 MX 中设置组别，通常用户的代码不去修改优先级分组。

优先级分组设置好之后，可以设置特定中断的优先级，例如设置外部中断 EXTI0 的优先级，根据优先级组别的限制，假设设定优先级组别为 2，那么抢占优先级和响应优先级都只能设置 0~3 之间。数值越小所代表的优先级就越高。

5.1.4　NVIC 库函数

HAL 提供了这样几个 NVIC 库函数，HAL 库函数的名字很清晰，基本上顾名思义就可以判断函数的功能。

```
HAL_NVIC_SetPriorityGrouping(...)        //设置优先级组，通常在HAL_Init()中调用
```

```
HAL_NVIC_SetPriority(...)                    //设置优先级
HAL_NVIC_EnableIRQ(...)                      //使能优先级
HAL_NVIC_DisableIRQ(...)                     //失能优先级
```

以 HAL_NVIC_SetPriorityGrouping() 库函数为例，可以在 MDK 中跟踪观察其代码实现，它需要 1 个参数：优先级分组，可以是表 5-1 当中第二列中的值。

观察其源代码，在函数的内部调用了 NVIC_SetPriorityGrouping() 函数，最终对 AIRCR 寄存器的 [10:8] 进行赋值，NVIC 相关寄存器的详细信息见《Cortex-M3 权威指南》的附录 D：NVIC 寄存器小结。

```
/*以下代码是库函数内部实现，仅供有兴趣的读者参考，日常使用直接调用即可*/
void HAL_NVIC_SetPriorityGrouping(uint32_t PriorityGroup)
{
    /*Check the parameters*/
    assert_param(IS_NVIC_PRIORITY_GROUP(PriorityGroup));

    /*Set the PRIGROUP[10:8] bits according to the PriorityGroup parameter
 value*/
    NVIC_SetPriorityGrouping(PriorityGroup);
}


    __STATIC_INLINE void NVIC_SetPriorityGrouping(uint32_t PriorityGroup)
    {
    uint32_t reg_value;
    /*only values 0..7 are used*/
    uint32_t PriorityGroupTmp=(PriorityGroup&(uint32_t)0x07UL);
    /*read old register configuration*/
    reg_value=SCB->AIRCR;
    /*clear bits to change*/
    reg_value &=~((uint32_t)(SCB_AIRCR_VECTKEY_Msk|SCB_AIRCR_PRIGROUP_Msk));
    /*Insert write key and priorty group*/
  reg_value=(reg_value|
            ((uint32_t)0x5FAUL<<SCB_AIRCR_VECTKEY_Pos)|
            (PriorityGroupTmp<<8U));
    SCB->AIRCR=reg_value;
}
```

库函数的 HAL_NVIC_SetPriority() 的内部实现如下，从函数调用的角度来看，它需要 3 个参数，第一个参数指定设置哪个中断的优先级，第二、三个参数分别设置抢占与响应优先级。

根据库函数源代码，有以下中断类型。可以看到前一部分的中断是处理器系统占用的内核中断，它们都是 <0 的中断号；后 60 个是可屏蔽中断。

```
typedef enum
{
  /****** Cortex-M3 Processor Exceptions Numbers**********/
  NonMaskableInt_IRQn    =-14,/*!<2 Non Maskable Interrupt*/
  HardFault_IRQn         =-13,/*!<3 Cortex-M3 Hard Fault Interrupt*/
```

```
MemoryManagement_IRQn  =-12,/*!<4 Cortex-M3 Memory Management
                            Interrupt*/
BusFault_IRQn          =-11,/*!<5 Cortex-M3 Bus Fault Interrupt*/
UsageFault_IRQn        =-10,/*!<6 Cortex-M3 Usage Fault Interrupt*/
SVCall_IRQn            =-5, /*!<11 Cortex-M3 SV Call Interrupt*/
DebugMonitor_IRQn      =-4, /*!<12 Cortex-M3 Debug Monitor Interrupt*/
PendSV_IRQn            =-2, /*!<14 Cortex-M3 Pend SV Interrupt*/
SysTick_IRQn           =-1, /*!<15 Cortex-M3 System Tick Interrupt*/
/****** STM32 specific Interrupt Numbers*********/
WWDG_IRQn              =0,  /*!<Window WatchDog Interrupt*/
PVD_IRQn               =1,  /*!<PVD through EXTI Line detection
                            Interrupt*/
TAMPER_IRQn            =2,  /*!<Tamper Interrupt*/
RTC_IRQn               =3,  /*!<RTC global Interrupt*/
FLASH_IRQn             =4,  /*!<FLASH global Interrupt*/
RCC_IRQn               =5,  /*!<RCC global Interrupt*/
EXTI0_IRQn             =6,  /*!<EXTI Line0 Interrupt*/
EXTI1_IRQn             =7,  /*!<EXTI Line1 Interrupt*/
EXTI2_IRQn             =8,  /*!<EXTI Line2 Interrupt*/
EXTI3_IRQn             =9,  /*!<EXTI Line3 Interrupt*/
EXTI4_IRQn             =10, /*!<EXTI Line4 Interrupt*/
DMA1_Channel1_IRQn     =11, /*!<DMA1 Channel 1 global Interrupt*/
DMA1_Channel2_IRQn     =12, /*!<DMA1 Channel 2 global Interrupt*/
DMA1_Channel3_IRQn     =13, /*!<DMA1 Channel 3 global Interrupt*/
DMA1_Channel4_IRQn     =14, /*!<DMA1 Channel 4 global Interrupt*/
DMA1_Channel5_IRQn     =15, /*!<DMA1 Channel 5 global Interrupt*/
DMA1_Channel6_IRQn     =16, /*!<DMA1 Channel 6 global Interrupt*/
DMA1_Channel7_IRQn     =17, /*!<DMA1 Channel 7 global Interrupt*/
ADC1_2_IRQn            =18, /*!<ADC1 and ADC2 global Interrupt*/
USB_HP_CAN1_TX_IRQn    =19, /*!<USB Device High Priority or CAN1 TX
                            Interrupts*/
USB_LP_CAN1_RX0_IRQn   =20, /*!<USB Device Low Priority or CAN1 RX0
                            Interrupts*/
CAN1_RX1_IRQn          =21, /*!<CAN1 RX1 Interrupt*/
CAN1_SCE_IRQn          =22, /*!<CAN1 SCE Interrupt*/
EXTI9_5_IRQn           =23, /*!<External Line[9:5] Interrupts*/
TIM1_BRK_IRQn          =24, /*!<TIM1 Break Interrupt*/
TIM1_UP_IRQn           =25, /*!<TIM1 Update Interrupt*/
TIM1_TRG_COM_IRQn      =26, /*!<TIM1 Trigger and Commutation Interrupt*/
TIM1_CC_IRQn           =27, /*!<TIM1 Capture Compare Interrupt*/
TIM2_IRQn              =28, /*!<TIM2 global Interrupt*/
TIM3_IRQn              =29, /*!<TIM3 global Interrupt*/
TIM4_IRQn              =30, /*!<TIM4 global Interrupt*/
I2C1_EV_IRQn           =31, /*!<I2C1 Event Interrupt*/
I2C1_ER_IRQn           =32, /*!<I2C1 Error Interrupt*/
I2C2_EV_IRQn           =33, /*!<I2C2 Event Interrupt*/
I2C2_ER_IRQn           =34, /*!<I2C2 Error Interrupt*/
```

```
    SPI1_IRQn               =35, /*!<SPI1 global Interrupt*/
    SPI2_IRQn               =36, /*!<SPI2 global Interrupt*/
    USART1_IRQn             =37, /*!<USART1 global Interrupt*/
    USART2_IRQn             =38, /*!<USART2 global Interrupt*/
    USART3_IRQn             =39, /*!<USART3 global Interrupt*/
    EXTI15_10_IRQn          =40, /*!<External Line[15:10] Interrupts*/
    RTC_Alarm_IRQn          =41, /*!<RTC Alarm through EXTI Line Interrupt*/
    USBWakeUp_IRQn          =42, /*!<USB Device WakeUp from suspend through
                                     EXTI Line Interrupt*/
    TIM8_BRK_IRQn           =43, /*!<TIM8 Break Interrupt*/
    TIM8_UP_IRQn            =44, /*!<TIM8 Update Interrupt*/
    TIM8_TRG_COM_IRQn       =45, /*!<TIM8 Trigger and Commutation
                                     Interrupt*/
    TIM8_CC_IRQn            =46, /*!<TIM8 Capture Compare Interrupt*/
    ADC3_IRQn               =47, /*!<ADC3 global Interrupt*/
    FSMC_IRQn               =48, /*!<FSMC global Interrupt*/
    SDIO_IRQn               =49, /*!<SDIO global Interrupt*/
    TIM5_IRQn               =50, /*!<TIM5 global Interrupt*/
    SPI3_IRQn               =51, /*!<SPI3 global Interrupt*/
    UART4_IRQn              =52, /*!<UART4 global Interrupt*/
    UART5_IRQn              =53, /*!<UART5 global Interrupt*/
    TIM6_IRQn               =54, /*!<TIM6 global Interrupt*/
    TIM7_IRQn               =55, /*!<TIM7 global Interrupt*/
    DMA2_Channel1_IRQn      =56, /*!<DMA2 Channel 1 global Interrupt*/
    DMA2_Channel2_IRQn      =57, /*!<DMA2 Channel 2 global Interrupt*/
    DMA2_Channel3_IRQn      =58, /*!<DMA2 Channel 3 global Interrupt*/
    DMA2_Channel4_5_IRQn    =59, /*!<DMA2 Channel 4 and Channel 5 global
                                     Interrupt*/
}IRQn_Type;
```

以下是库函数 HAL_NVIC_SetPriority() 的具体实现，可以根据中断号是否 <0 来完成。如果 <0，那么对 SHP 寄存器进行写入；如果 >0 对 IP 寄存器写入。

```
/*以下代码是库函数内部实现，仅供有兴趣的读者参考，日常使用只是调用即可*/
void HAL_NVIC_SetPriority(IRQn_Type IRQn,uint32_t PreemptPriority,
uint32_t SubPriority)
{
    uint32_t prioritygroup=0x00U;
    /*Check the parameters*/
    assert_param(IS_NVIC_SUB_PRIORITY(SubPriority));
    assert_param(IS_NVIC_PREEMPTION_PRIORITY(PreemptPriority));
    prioritygroup=NVIC_GetPriorityGrouping();

    NVIC_SetPriority(IRQn,NVIC_EncodePriority(prioritygroup,
PreemptPriority,SubPriority));
}
    __STATIC_INLINE void NVIC_SetPriority(IRQn_Type IRQn,uint32_t priority)
    {
```

```
        if ((int32_t)(IRQn)<0)
        {
            SCB->SHP[(((uint32_t)(int32_t)IRQn)&0xFUL)-4UL]=(uint8_t)
((priority<<(8U-__NVIC_PRIO_BITS))&(uint32_t)0xFFUL);
        }
        else
        {
            NVIC->IP[((uint32_t)(int32_t)IRQn)]=(uint8_t)((priority<<(8U-__
NVIC_PRIO_BITS))&(uint32_t)0xFFUL);
        }
    }
```

5.1.5　外部中断 EXTI

所谓 EXTI，是某个 GPIO 引脚的电压有变化时会产生中断，从而达到自动通知 CPU 的功能。STM32 的每一个 GPIO 引脚都可以作为外部中断的中断输入口，非常强大。中断控制器支持 19 个外部中断 / 事件请求。每个中断设有状态位，每个中断 / 事件都有独立的触发和屏蔽设置。这 19 个外部中断为：

（1）线 0~15：对应外部 I/O 口的输入中断。

（2）线 16：PVD 输出。

（3）线 17：RTC 闹钟。

（4）线 18：USB 唤醒。

MX 初始化 EXTI 的步骤只有 2 步，初始化优选级和使能中断，另外需要关注的是 GPIO 的设置也与中断相关，如下代码是引脚配置的一段代码：

```
GPIO_InitStruct.Pin=GPIO_PIN_0;
GPIO_InitStruct.Mode=GPIO_MODE_IT_FALLING;
GPIO_InitStruct.Pull=GPIO_PULLUP;
HAL_GPIO_Init(GPIOE,&GPIO_InitStruct);
HAL_NVIC_SetPriority(EXTI0_IRQn,0,0);
HAL_NVIC_EnableIRQ(EXTI0_IRQn);
```

5.1.6　外部中断处理流程

在对 EXTI 的初始化完成之后，当 EXTI 发生时，需要进入到相应的中断处理函数中。编写中断服务函数通常包含如下几个步骤：

（1）判断是否是对应的EXTI。

（2）执行相应动作。

（3）清空中断标志。

通过以上几个步骤的设置，就可以正常使用外部中断。

5.2　MX 生成工程

相比于略显复杂的外部中断理论知识，读者会发现使用MX来配置外部中断非常简单，如图5-1所示。首先根据第4章所介绍的按键硬件接线图（见图4-1）可知4个引脚分别是：PC5、

PB1、PB10和PB11，在MX中分别设置4个引脚为GPIO_EXTx。其他，如晶振的设置、Debug和LED引脚的设置不再赘述。

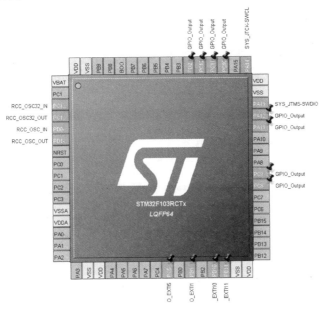

图 5-1　外部中断下的引脚配置

然后设置NVIC选项，如图5-2所示，在上方的优先级分组下拉列表框中选择2位抢占优先级、2位响应优先级；在下方列表当中，将EXTI Line1等3个外部中断线选中，使能这3个中断。

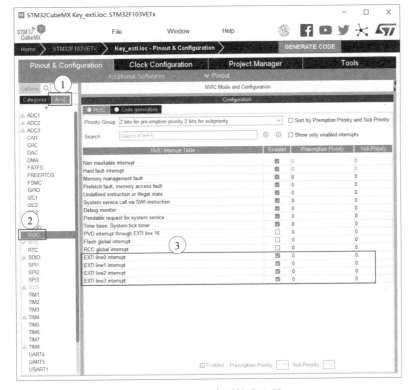

图 5-2　GPIO 中断模式配置

然后设置GPIO选项，如图5-3所示，分别设置PC5、PB1、PB10和PB11的GPIO模式与上下拉功能。在下方的配置框中，选择相应的配置，以原理图为标准。

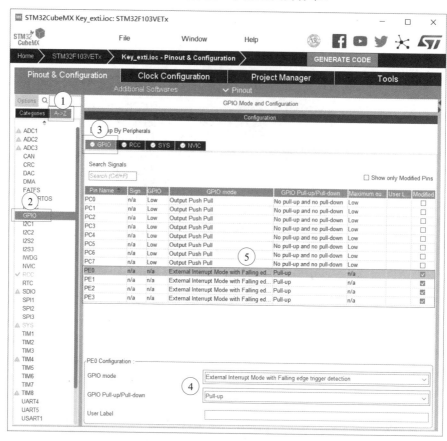

图 5-3　GPIO 中断模式配置

5.3　软件设计

在有中断的情况下，编程其实更加简单，因为不需要再在 main.c 中不停地去查询按键状态。所需要关注的只有两个地方：初始化和中断处理。初始化已经由 MX 生成，因此只需要在 main.c 中再添加一个 HAL_GPIO_EXTI_Callback() 即可。中断检测按键状态如图 5-3 所示。

图 5-4 中的右侧部分是中断处理流程，左右两部分没有连接线直接连接，这是由硬件直接关联，也反映了中断的处理机制：不需要 CPU 耗费资源，只有在事件发生时才会触发。

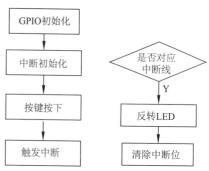

图 5-4　中断检测按键状态

5.3.1　外部中断初始化

关于代码的整体框架我们不再详细介绍，直接观察gpio.c当中的MX_GPIO_Init()函数，是对GPIO引脚和中断的初始化配置。MX_GPIO_Init()函数用于初始化按键引脚，函数内容与第4章"按键-轮询检测"的初始化引脚例程代码的内容是有所不同的，要注意区分。参考4.1节中的硬件设计，4个按键分别对应PB1、PB10、PB11和PC5引脚。函数首先是使能按键引脚端口时钟；接下来配置PC5按键、PB10和PB11按键：设置为上升沿触发的中断模式，调用HAL_GPIO_Init()函数完成按键配置；配置PB1按键：设置为下降沿触发的中断模式，调用HAL_GPIO_Init()函数完成按键的中断配置。相关代码如下：

```
void MX_GPIO_Init(void)
{
    GPIO_InitTypeDef GPIO_InitStruct = {0};
    /* GPIO Ports Clock Enable */
    __HAL_RCC_GPIOC_CLK_ENABLE();
    __HAL_RCC_GPIOB_CLK_ENABLE();
    /*Configure GPIO pin : PC5 */
    GPIO_InitStruct.Pin = GPIO_PIN_5;
    GPIO_InitStruct.Mode = GPIO_MODE_IT_FALLING;
    GPIO_InitStruct.Pull = GPIO_PULLUP;
    HAL_GPIO_Init(GPIOC, &GPIO_InitStruct);
    /*Configure GPIO pins : PB1 PB11 */
    GPIO_InitStruct.Pin = GPIO_PIN_1|GPIO_PIN_11;
    GPIO_InitStruct.Mode = GPIO_MODE_IT_FALLING;
    GPIO_InitStruct.Pull = GPIO_PULLUP;
    HAL_GPIO_Init(GPIOB, &GPIO_InitStruct);
    /*Configure GPIO pin : PB10 */
    GPIO_InitStruct.Pin = GPIO_PIN_10;
    GPIO_InitStruct.Mode = GPIO_MODE_IT_RISING;
    GPIO_InitStruct.Pull = GPIO_PULLDOWN;
    HAL_GPIO_Init(GPIOB, &GPIO_InitStruct);
}
```

MX_NVIC_Init()函数实现对中断外设的初始化，其中的HAL_NVIC_SetPriority()函数用来设置中断的优先级。根据本章5.2节中在MX的设置，采用了默认的中断设置，因此代码这里被设置为抢占优先级1，响应优先级1、2和3。根据这样的优先级配置产生的效果：正常情况下都是哪个按键产生中断就开始执行中断服务内容。特殊情况1：两个按键中断同时来临，PB1按键具有优先执行权，因为抢占式优先级相同就看响应优先级，越低优先级越高；特殊情况2：有一个按键成功触发了中断，当前正在执行中断服务函数，这时另一个按键也触发了中断，这时怎么办？还是继续执行原来中断服务函数内容，等执行完退出以后才响应另一个按键的中断(这时中断挂起请求寄存器就发挥作用了，还没响应的中断会保存)，为什么是这样？因为两个按键的抢占式优先级是相同的，所以没办法实现中断抢占。相关代码如下：

```
static void MX_NVIC_Init(void)
{
    /* EXTI9_5_IRQn interrupt configuration */
    HAL_NVIC_SetPriority(EXTI9_5_IRQn, 1, 2);
    HAL_NVIC_EnableIRQ(EXTI9_5_IRQn);
    /* EXTI15_10_IRQn interrupt configuration */
```

```
    HAL_NVIC_SetPriority(EXTI15_10_IRQn, 1, 3);
    HAL_NVIC_EnableIRQ(EXTI15_10_IRQn);
    /* EXTI1_IRQn interrupt configuration */
    HAL_NVIC_SetPriority(EXTI1_IRQn, 1, 1);
    HAL_NVIC_EnableIRQ(EXTI1_IRQn);
}
```

5.3.2　外部中断的中断处理函数

当采用标准外设库函数编程时，中断处理函数出现在 stm32f0xx_it.c 文件当中，有中断处理函数 EXTI0_IRQHandler() 等 4 个中断处理函数，可以在这些函数中进行中断事件的处理。以下代码是 stm32f1xx_it.c 中的外部中断处理函数，是 MX 自动生成的。

```
void EXTI0_IRQHandler(void)
{
    HAL_GPIO_EXTI_IRQHandler(GPIO_PIN_0);
}
void EXTI1_IRQHandler(void)
{
    HAL_GPIO_EXTI_IRQHandler(GPIO_PIN_1);
}
void EXTI2_IRQHandler(void)
{
    HAL_GPIO_EXTI_IRQHandler(GPIO_PIN_2);
}
void EXTI3_IRQHandler(void)
{
    HAL_GPIO_EXTI_IRQHandler(GPIO_PIN_3);
}
```

但是不推荐在这些函数里直接进行中断处理，而是又给出了一个新的解决方法，其总体流程如图 5-5 所示。

可以通过跟踪 HAL_GPIO_EXTI_IRQHandler() 函数来观察代码。可见，所有的中断都会经过 HAL_GPIO_EXTI_IRQHandler() 函数清除中断标志，然后调用 HAL_GPIO_EXTI_Callback() 函数。HAL_GPIO_EXTI_Callback() 函数是需要用户定义的一个函数，在这个函数中进行中断的最终处理。

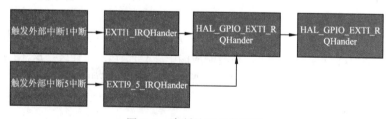

图 5-5　中断处理函数流程

```
void HAL_GPIO_EXTI_IRQHandler(uint16_t GPIO_Pin)
{
    /*EXTI line interrupt detected*/
```

```
if (__HAL_GPIO_EXTI_GET_IT(GPIO_Pin)!=RESET)
{
    __HAL_GPIO_EXTI_CLEAR_IT(GPIO_Pin);
    HAL_GPIO_EXTI_Callback(GPIO_Pin);
}
}
```

因此，我们所要关心的就是 HAL_GPIO_EXTI_Callback() 函数的具体实现。绝大多数的中断处理流程都差不多，基本上是判断中断标志，如图 5-6 所示。

判断中断标志 → 中断处理 → 清除中断标志

图 5-6　外部中断函数处理步骤

通常需要在某个源文件（例如 main.c）内实现 HAL_GPIO_EXTI_Callback() 函数。如下代码是 HAL_GPIO_EXTI_Callback() 的具体实现代码，需要注意在消抖过程中通常需要借助于 HAL_Delay() 来延时一段时间（20 ms）。但是，ST 公司提供的 SYSTICK 延时机制是借助于中断实现的，而且它的优先级很低！这就造成了一个问题：在外部中断处理过程中，又有了新的低优先级中断发生，因此这个低优先级的中断不可能被响应，也就是说延时函数会永远出不来，导致系统出现死机。解决方法是借助于原子开发板提供的新的 SYSTICK 延时方案来避免死机的发生。

```
void HAL_GPIO_EXTI_Callback(uint16_t GPIO_Pin)
{
    if (GPIO_Pin==GPIO_PIN_0)
    {
        Delay_ms(20);
        if (HAL_GPIO_ReadPin(GPIOE,GPIO_PIN_0)==GPIO_PIN_RESET)
            HAL_GPIO_TogglePin(GPIOC,GPIO_PIN_0);
    }
    else if (GPIO_Pin==GPIO_PIN_1)
    {
        Delay_ms(20);
        if (HAL_GPIO_ReadPin(GPIOE,GPIO_PIN_1)==GPIO_PIN_RESET)
            HAL_GPIO_TogglePin(GPIOC,GPIO_PIN_1);
    }
    else if (GPIO_Pin==GPIO_PIN_2)
    {
        Delay_ms(20);
        if (HAL_GPIO_ReadPin(GPIOE,GPIO_PIN_2)==GPIO_PIN_RESET)
            HAL_GPIO_TogglePin(GPIOC,GPIO_PIN_2);
    }
    else if (GPIO_Pin==GPIO_PIN_3)
    {
        Delay_ms(20);
        if (HAL_GPIO_ReadPin(GPIOE,GPIO_PIN_3)==GPIO_PIN_RESET)
            HAL_GPIO_TogglePin(GPIOC,GPIO_PIN_3);
```

```
    }
}
```

同时观察一下 main() 函数，在中断模式下，main() 函数就变得非常简洁了，只有一个 while 循环，所有的处理步骤都在中断处理函数中。

```
while (1)
{
    HAL_Delay(500);
    HAL_GPIO_TogglePin(GPIOC,GPIO_PIN_7);
}
```

5.4 下载运行

确保程序编译正确，单击 LOAD（见图 2-46）将文件下载到核心板当中。可以看到，S1 可以控制 LED1 切换亮灭；S2 可以控制 LED2 切换亮灭；S3 可以控制 LED3 切换亮灭；S4 可以控制 LED4 切换亮灭。

习　题

1. 编码实现通过外部中断方式，S1 开启流水灯模式 1，S2 开启流水模式 2，S3 开启流水模式 3，S4 开启流水模式 4。（流水灯模式可以自行设计，如左右流动、中间向两端流动等模式）

2. 编码实现通过外部中断方式，S1 每按下一次，8 位 LED 以二进制计数的方式累加 1；S2 每按下一次，8 位 LED 以二进制计数的方式递减 1；S3 每按下一次，8 位 LED 以二进制计数的方式累加 4；S4 每按下一次，8 位 LED 清 0（全熄灭或全点亮）。

3. 编码实现通过外部中断方式，S1 每按下一次，数码管数字累加 1；S2 每按下一次，数码管数字递减 1。

4. 编码实现通过外部中断方式，4 个按键可以控制播放 4 首歌曲。

第6章

串口通信

之前章节所进行的都是"纯开发板"式的学习，本章的串口通信则介绍了上位机如何与开发板进行通信。实际上，串口通信是一种比较"古老"的通信方式，甚至在现代的笔记本、PC上都已经看不到串口接口了。但是在嵌入式设备当中，串口无疑是调试输出、上位机通信等的不二选择。这是因为其接口设备简单、应用广泛，在很多大型的嵌入式设备中都会留有串口接口。

6.1 串行通信介绍

串口通信（Serial Communication）是一种设备间很常用的串行通信方式，同时也是一种很"古老"的通信方式。读者可以查看一下自己的笔记本计算机，应该看不到串口的存在，一般在台式机上才会保留串口接口。串口与串口线如图 6-1 所示。

图 6-1　串口与串口线

现在人们所购买的笔记本计算机上，最常见的是 USB 接口。为了能够在笔记本计算机上也能使用串口，需要购买 USB 转串口线，如图 6-2 所示。

图 6-2　USB 转串口线

在个人计算机上的串口似乎用处较少，但是在嵌入式设备上，串口的应用就非常广泛。在 STM32 开发板上基本会配置串口，有的作为调试输出，有的用作更新程序，有的用作指令控制。图 6-3 所示为常见的开发板上的串口接口。从图中可以看到串口有 9 个孔（或针），人们通常称为 DB9 接口，当然还有其他形式的接口，如 miniUSB 接口、microUSB 接口等。

图 6-3 常见开发板上的串口接口

6.2 串口通信协议

串口按位（bit）发送和接收字节，尽管比按字节（byte）的并行通信慢，但是串口可以在使用一根线发送数据的同时用另一根线接收数据。大部分电子设备都支持该通信设备，作为计算机与单片机交互数据的主要接口，广泛用于各类仪器仪表、工业检测以及自动控制领域。通信协议是需要通信的双方所达成的一种约定，它对包括数据格式、同步方式、传送速度、传送步骤、纠错方式以及控制字符定义等问题做出统一规定，通信双方都必须共同遵守。

RS-232（ANSI/EIA-232 标准）是 IBM-PC 及其兼容机上的串行连接标准，可用于许多用途，如连接鼠标、打印机或者 Modem，同时也可以接工业仪器仪表。实际应用中 RS-232 的传输长度或者传输速度常常超过标准的值。RS-232 只限于 PC 串口和设备间点对点的通信。RS-232 串口通信最远距离是 50 英尺（1 英尺 =0.304 8 m）。图 6-4 所示为 DB-9 引脚示意图。

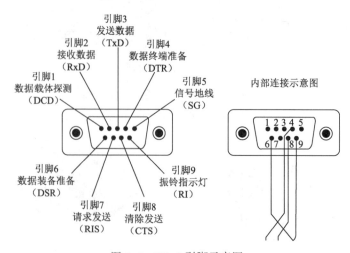

图 6-4 DB-9 引脚示意图

RS-422（EIA RS-422-AStandard）是 Apple 的 Macintosh 计算机的串口连接标准。RS-422 使用差分信号，RS-232 使用非平衡参考地的信号。差分传输使用两根线发送和接收信号，对比 RS-232，它能更好地抗噪声且传输距离更远。在工业环境中，更好的抗噪性和更远的传输距离是一个很大的优点。

RS-485（EIA-485 标准）是 RS-422 的改进，因为它增加了设备的个数，从 10 个增加到 32 个，同时定义了在最大设备个数情况下的电气特性，以保证足够的信号电压。有了多个设备的能力，就可以使用一个单个 RS-485 口建立设备网络。出色抗噪和多设备能力，在工业应用中建立连向 PC 的分布式设备网络、其他数据收集控制器、HMI 或者其他操作时，串行连接会选择 RS-485。RS-485 是 RS-422 的超集，因此所有的 RS-422 设备可以被 RS-485 控制。RS-485 可以用超过 4 000 英尺的线进行串行通信。

6.3 硬件原理图

这里采用 miniUSB 来作为电路板上的串口输出，如图 6-5 所示。使用了单片机的串口 2，PA2 和 PA3 分别是输出和输入引脚。单片机的串口 2 经过 CH340 芯片转换为 miniUSB 接口输出，当使用连接线将两者连接起来时，在计算机的"设备管理器"中会出现对应的端口设备符号。

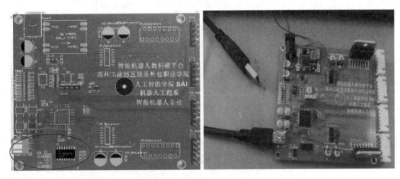

图 6-5　硬件串口接口

CH340G 负责进行 USB 信号和 TTL 信号之间的转换，常用的转换芯片还有 CP2012 等，原理图如图 6-6 所示。F103 芯片的串口 2 通常使用的是 PA2 和 PA3，在下面的原理图中一个是 U2_TX，一个是 U2_RX。

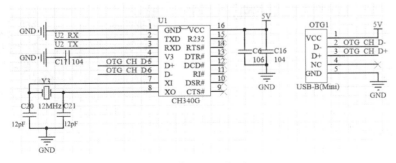

图 6-6　串口相关的原理图

6.4 F103RC 串口

F103RC 芯片有 5 个串口，USART1/2/3 和 UART4/5，从前面章节可知串口本身是很复杂的，包括硬件和软件通信协议。然而单纯地对串口进行操作是非常简单的。串口作为一种外设，主要的设置与操作无非就是初始化、读和写。与之相关的寄存器有 USART_SR、USART_DR、USART_BRR 等。F103RC 串口相关寄存器如图 6-7 所示。

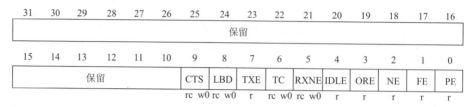

图 6-7　F103RC 串口相关寄存器

6.5 MX 生成工程

在 MX 当中，对串口进行设置需要对串口的参数、GPIO 和中断优先级进行设置。串口参数设置非常简单，这里选中 USART1，同时在右侧的 Mode 当中选择 Asynchronous 异步通信模式，Hardware Flow Control（硬件流控）设置为 Disable；波特率设置为 115 200 bit/s、字长为 8 位、无奇偶校验、停止位 1 位。通常在设置串口时，都会选择这些参数进行设置，将其整理为 "8、无、1、无" 这样一个口诀，8 和 1 的意思不用再说，两个 "无" 就是无奇偶校验、无硬件流控。图 6-8 所示为 MX 初始化串口。

图 6-8　MX 初始化串口

当选中 USART1 后，PB6\7 两个引脚自动设置为 USART1_TX 和 USART1_RX。下面需要对这两个 GPIO 进行设置。通常需要设置引脚的输入、输出模式和是否上拉，如图 6-9 所示。

然后设置中断优先级 NVIC，这里勾选串口全局中断使能，来打开对应的中断。

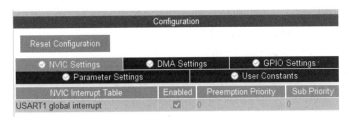

图 6-9　串口的参数、GPIO 和 NVIC 设置

最后单击 GENERATE CODE 生成相应的工程代码。上文所做的配置会体现在如下串口参数初始化的代码中。

```
void MX_USART1_UART_Init(void)
{
    huart1.Instance=USART1;
    huart1.Init.BaudRate=115200;
    huart1.Init.WordLength=UART_WORDLENGTH_8B;
    huart1.Init.StopBits=UART_STOPBITS_1;
    huart1.Init.Parity=UART_PARITY_NONE;
    huart1.Init.Mode=UART_MODE_TX_RX;
    huart1.Init.HwFlowCtl=UART_HWCONTROL_NONE;
    huart1.Init.OverSampling=UART_OVERSAMPLING_16;
    if (HAL_UART_Init(&huart1)!=HAL_OK)
    {
        Error_Handler();
    }
}
```

对串口 GPIO 和 NVIC 的初始化代码则如下。与前面章节的 GPIO 初始化似乎区别不大，这里不再一一叙述。但是需要注意最后一行代码：__HAL_UART_ENABLE_IT，如果没有这行代码，接收中断就没有被使能，也就是不会进入接收中断函数。

```
void HAL_UART_MspInit(UART_HandleTypeDef*uartHandle)
{

    GPIO_InitTypeDef GPIO_InitStruct={0};
    if(uartHandle->Instance==USART1)
    {
        __HAL_RCC_USART2_CLK_ENABLE();
        __HAL_RCC_GPIOA_CLK_ENABLE();
        GPIO_InitStruct.Pin=GPIO_PIN_2;
        GPIO_InitStruct.Mode=GPIO_MODE_AF_PP;
        GPIO_InitStruct.Speed=GPIO_SPEED_FREQ_HIGH;
        HAL_GPIO_Init(GPIOA,&GPIO_InitStruct);
```

```
        GPIO_InitStruct.Pin=GPIO_PIN_3;
        GPIO_InitStruct.Mode=GPIO_MODE_INPUT;
        GPIO_InitStruct.Pull=GPIO_NOPULL;
        HAL_GPIO_Init(GPIOA,&GPIO_InitStruct);
        /*USART2 interrupt Init*/
        HAL_NVIC_SetPriority(USART2_IRQn,0,0);
        HAL_NVIC_EnableIRQ(USART2_IRQn);
            __HAL_UART_ENABLE_IT(&huart2,UART_IT_RXNE);
    }
}
```

6.6 串口应用案例

6.6.1 简单发送接收

通过 MX，可以简单、快速地初始化好串口的配置，也就是说，串口已经可以使用了。在本案例当中，先演示如何通过串口进行简单的发送和接收。在 main() 函数当中，通过调用 HAL_UART_Transmit((UART_HandleTypeDef * husart, uint8_t * pTxData, uint16_t Size, uint32_t Timeout)) 来发送串口数据。第一个参数 husart 是 huart2，表示是串口 1 发送数据；第二个参数是待发送字节内容；第三个参数是发送多少个字节；第四个参数是发送超时时间。在实际发送时，使用如下的方式进行发送，在发送完后等待发送完成标志，再进行下一步操作。

```
HAL_UART_Transmit(&huart2,buffer,4,1000);
while(__HAL_UART_GET_FLAG(&huart2,UART_FLAG_TC)!=SET);
```

串口接收代码以中断的方式写在中断函数里，在配置 MX 时已经为 USART2 打开了接收中断，当串口接收到字符时会自动进行中断处理函数当中。通常将中断处理函数放置 stm32f1xx_it.c 文件中，中断处理函数如下。首先判断是否有字符到达串口，然后调用 HAL_UART_Receive() 函数接收一个串口字节，与前面说的发送函数差不多，接收函数也将接收到的内容存放在第二个参数数组当中，第三个参数表示接收多少个字节。这里一次接收一个字节，然后判断这个字节的值去点亮对应的 LED。

```
void USART1_IRQHandler(void)
{
    Uint8_t res;
    if((__HAL_UART_GET_FLAG(&huart2,UART_FLAG_RXNE)!=RESET))
    {
        HAL_UART_Receive(&huart2,&res,1,1000);
    if (res==0x01)
        HAL_GPIO_TogglePin(GPIOC,GPIO_PIN_10);
    else if (res==0x02)
        HAL_GPIO_TogglePin(GPIOC,GPIO_PIN_11);
    else if (res==0x03)
        HAL_GPIO_TogglePin(GPIOC,GPIO_PIN_12);
    }
```

```
        HAL_UART_IRQHandler(&huart2);
    }
```

6.6.2 printf 与 scanf

前面的简单发送与接收能够对串口进行基本的读写，但是在实际应用当中，通常希望能够更加灵活地使用串口。这时可以使用重定向的方式，将 scanf、printf 重定向到指定串口上，从而可以灵活使用 scanf、prinf 的功能。需要添加如下代码到项目中。

```
struct __FILE
{
    int handle;
};

FILE __stdout;
//定义_sys_exit()以避免使用半主机模式
void _sys_exit(int x)
{
    x=x;
}
//重定义fputc()函数
int fputc(int ch,FILE*f)
{
    while((USART2->SR&0X40)==0);        //循环发送,直到发送完毕
    USART2->DR=(uint8_t)ch;
    return ch;
}
int fgetc(FILE*f)
{
    uint8_t ch=0;
    ch=USART2->DR;
    return ch;
}
```

上述代码的 fputc() 函数将一个字节发送到串口 2，fgetc() 则从串口 2 读取一个字节，借助于这两个函数，可以使用 printf 和 scanf 来进行串口操作。在 main() 函数中输入如下代码：

```
Printf("Hello world!\r\n");
```

然后观察对应串口调试助手上的输出，进一步在 printf 中加入格式符来输出变量，试着输入如下代码，并观察串口调试助手上的输出。

```
for(i=0;i<120;i++)
    printf("Hello world %d \r\n",i);
```

6.6.3 接收帧解析

在前面章节中，在接收中断函数中，每次接收一个字节并且进行处理，但是在实际的工程应用中，串口所接收到的帧（见图 6-10）通常都是多字节的，例如某协议规定串口所发送

的内容如下。也就是说在串口端收到这样一串字节流 0x55 0x03 0x02 0xcc 0xdd 0x09 0xAA，针对这样一串字节帧，该如何处理呢？

0×55	0×03	0×02	0×CC	0×DD	0×09	0×AA
帧头	命令码	数据长度	数据	数据	校验码	帧尾

图 6-10　串口接收到的帧

首先，串口接收机制是逐个字节地接收并且处理，这条帧因为有帧头和帧尾，所以在处理时可以按照如图 6-11 所示的流程进行。设置两个全局变量，receiveState 和 receiveIndex，前者作为是否接收完成的标志，后者作为实际接收到了多少个字节。

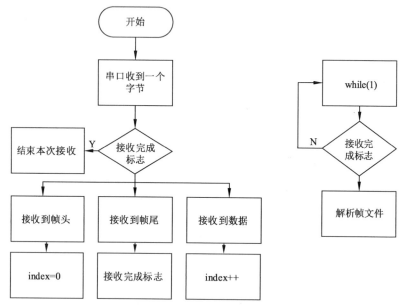

图 6-11　中断处理和主函数处理过程

6.6.4　接收定时解析

前面这种根据帧头帧尾进行解析的方法，可以比较有效地解析数据帧，但是有时候，串口上过来的数据帧比较多，而且包含好几种帧，就比较难以处理。例如 GPS 模块，GPS 模块在上电工作之后，会不停地通过串口向外界发送好几种类型的数据帧，有的是报告自己的位置，有的是报告信号质量等。像这种情况就不好再用一种帧的处理方法来对待。这时，需要准备一个定时器，通过这个定时器来不断检测窗口数据，如果间隔 100 ms，串口上还没有数据，就认为此次的接收任务完成，可以进行数据帧的解析工作。

如图6-12所示，左侧的流程图描述的是串口接收中断的主要处理逻辑，中间的流程图是定时器中断处理的主要逻辑。串口接收准备一个定时器，初始化时间间隔为100 ms。每隔100 ms，系统会去查询串口是否收到数据，如果有数据，那么清零定时器。如果定时器发生溢出中断，就表明串口已经超过100 ms没有收到数据了，此时就可以认为一帧接收完成，并且进行后续的解析处理。

图6-12右侧的流程图是主循环中的处理流程，在主循环当中是不断地去判断是否需要去解析数据（一帧数据接收完成）。

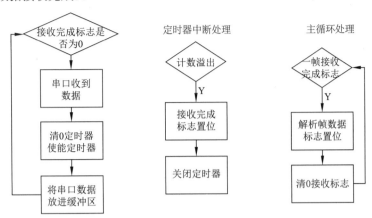

图 6-12　使用定时器接收并解析串口数据

串口接收中断的代码如下，以 USART3 为例，假设 USART3 外接一个 GPS 模块，则 USART3 收到数据时会做如下处理。

```
void USART3_IRQHandler(void)
{
    u8 res;
    if(USART_GetITStatus(USART3,USART_IT_RXNE)!=RESET)//接收到数据
    {
        res=USART_ReceiveData(USART3);
        if((USART3_RX_STA&(1<<15))==0)//如果接收完一批数据,还没有被处理,则不再
                                      //接收其他数据
        {
            if(USART3_RX_STA<USART3_MAX_RECV_LEN)     //还可以接收数据
            {
                TIM_SetCounter(TIM7,0);               //计数器清空
                if(USART3_RX_STA==0)                  //使能定时器7的中断
                {
                    TIM_Cmd(TIM7,ENABLE);//使能定时器7
                }
                USART3_RX_BUF[USART3_RX_STA++]=res;   //记录接收到的值
            }else
            {
                USART3_RX_STA|=1<<15;                 //强制标记接收完成
            }
        }
    }
}
```

定时器中断处理函数如下，以 TIM7 为例，一旦进入 TIM7 的中断函数中，则表明一帧串口数据接收完成，需要做的就是将接收完成标志置位，当然别忘记清除更新标志和关闭 TIM7。

```
void TIM7_IRQHandler(void)
{
    if (TIM_GetITStatus(TIM7,TIM_IT_Update)!=RESET)  //更新中断
    {
        USART3_RX_STA|=1<<15;                              //标记接收完成
        TIM_ClearITPendingBit(TIM7,TIM_IT_Update);  //清除TIM7更新中断标志
        TIM_Cmd(TIM7,DISABLE);                            //关闭TIM7
    }
}
```

习　题

1. 上位机控制 LED（推荐上位机使用 WPF 编程，注意 UI 设计、串口通信等）。
2. 上位机监听按键（例如上位机是一个俄罗斯方块游戏，操作杆是开发板上的按键）。
3. 编码实现一个案例，使用到串口与 DMA。

集成电路总线（IIC）

集成电路总线 (Inter-Integrated Circuit，IIC) 是一种由 PHILIPS 公司开发的两线式串行总线，用于连接微控制器及其外围设备。它是由数据线 SDA 和时钟 SCL 构成的串行总线，可发送和接收数据。在 CPU 与被控 IC 之间、IC 与 IC 之间进行双向传送，高速 IIC 总线一般可达 400 kbit/s 以上。

7.1　IIC 概述

7.1.1　IIC 简介

IIC 串行总线一般有两根信号线：一根是双向的数据线 SDA；另一根是时钟线 SCL，其时钟信号是由主控器件产生。所有接到 IIC 总线设备上的串行数据 SDA 都接到总线的 SDA 上，各设备的时钟线 SCL 接到总线的 SCL 上。对于并联在一条总线上的每个 IC 都有唯一的地址。

一般情况下，数据线 SDA 和时钟线 SCL 都是处于上拉电阻状态。因为在总线空闲状态时，这两根线一般被上面所接的上拉电阻拉高，保持着高电平。图 7-1 所示为 IIC 总线物理拓扑图。

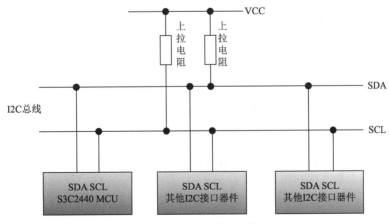

图 7-1　IIC 总线物理拓扑图

7.1.2　IIC 协议

I2C 总线在传送数据过程中共有 3 种类型信号，分别是：开始信号、结束信号和应答信号。

开始信号：SCL 为高电平时，SDA 由高电平向低电平跳变，开始传送数据。结束信号：SCL 为高电平时，SDA 由低电平向高电平跳变，结束传送数据。应答信号：接收数据的 IC 在接收到 8 bit 数据后，向发送数据的 IC 发出特定的低电平脉冲，表示已收到数据。CPU 向受控单元发出一个信号后，等待受控单元发出一个应答信号，CPU 接收到应答信号后，根据实际情况做出是否继续传递信号的判断。若未收到应答信号，则判断为受控单元出现故障。这些信号中，起始信号是必需的，结束信号和应答信号，都可以不要。IIC 总线时序图如图 7-2 所示。图中的虚线部分表示省略其余相同的信息，例如其中的有效数据位有 0~7 个字节，图中用虚线来表示。

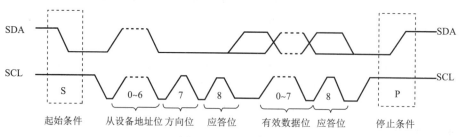

图 7-2　IIC 时序图

从 IIC 的时序图可以看出，通过两根线所连接的这些设备，最先是初始化信号。所谓初始化信号，其实就是 SDA 与 SCL 都保持高电平。如果想要通信，必须先要发出开始信号，开始信号就是 SCL 维持高电平、SDA 由高电平切换为低电平。所有挂载在 IIC 总线上的设备一旦发现这种信号变化，就知道有设备要开始传输数据。同理，停止信号是 SCL 维持高电平时，SDA 由低电平切换为高电平。所有挂载在 IIC 总线上的设备一旦发现这种信号变换，就表示某节点的数据传输结束。

图 7-3 所示为 IIC 开始 / 停止信号时序图。

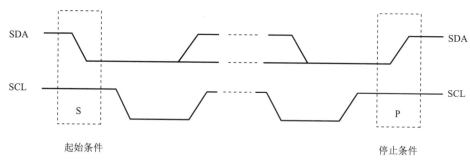

图 7-3　IIC 开始 / 停止信号时序图

数据传输以字节为单位，主设备在 SCL 线上产生每个时钟脉冲的过程中将在 SDA 线上传输一个数据位，当一个字节按数据位从高位到低位的顺序传输完后，紧接着从设备将拉低 SDA 线，回传给主设备一个应答位，此时才认为一个字节真正地被传输完成。当然，并不是所有的字节传输都必须有一个应答位，当从设备不能再接收主设备发送的数据时，从设备将回传一个否定应答位。数据传输的过程如图 7-4 所示。

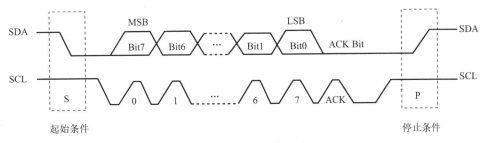

图 7-4　IIC 数据传输过程

7.2　硬件设计

实验功能简介：开机时先检测 AT24C08 是否存在，然后在主循环里检测两个按键，其中 1 个按键（KEY1）用来执行写入 AT24C08 的操作，另外一个按键（KEY0）用来执行读出操作，在 TFTLCD 模块上显示相关信息。同时用 DS0 提示程序正在运行。

图 7-5 所示为 AT24C08 和单片机的连线图，PA9 是时钟线，PA10 是数据线，仅通过这两根线就可以实现 IIC 接口。

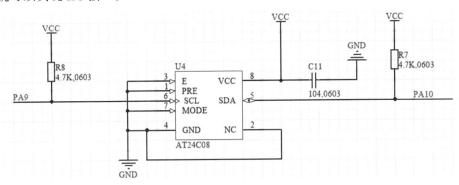

图 7-5　AT24C08 和单片机的连线图

7.3　软件设计

7.3.1　GPIO 初始化

采用 GPIO 来模拟 IIC 的各种时序，首先需要对 GPIO 进行初始化。根据硬件连线图，需要设置 PA9、PA10 为输出，同时初始化为高电压。为了后续代码方便编写与调试，首先在 .h 文件中定义以下的宏：

```
#define SDA_IN()  {GPIOA->CRL&=0X0FFFFFFF;GPIOA->CRL|=(u32)8<<28;}
#define SDA_OUT() {GPIOA->CRL&=0X0FFFFFFF;GPIOA->CRL|=(u32)3<<28;}
//上述两个宏定义使用到了寄存器操作
#define IIC_SCL   PAout(9)                    //SCL
#define IIC_SDA   PAout(10)                   //SDA
#define READ_SDA  PAin(10)                    //输入SDA
```

代码如下：

```
void IIC_Init(void)
{
    GPIO_InitTypeDef GPIO_Initure;
    __HAL_RCC_GPIOB_CLK_ENABLE();                    //使能GPIOB时钟
    //PA9、10初始化设置
    GPIO_Initure.Pin=GPIO_PIN_9|GPIO_PIN_10;
    GPIO_Initure.Mode=GPIO_MODE_OUTPUT_PP;           //推挽输出
    GPIO_Initure.Pull=GPIO_PULLUP;                   //上拉
    GPIO_Initure.Speed=GPIO_SPEED_HIGH;              //高速
    HAL_GPIO_Init(GPIOA,&GPIO_Initure);
    IIC_SDA=1;
    IIC_SCL=1;
}
```

7.3.2 IIC 时序信号

采用 IO 模拟 IIC 是使用比较广泛的一种方案，这里可以任意选择两根 IO 数据线，为了简便，这里仍然选择 PA9 和 PA10，角色也仍然是 SCL 和 SDA。根据前文所说的 IIC 协议所规定的时序要求，我们所需要模拟的时序有 IIC 起始信号、IIC 停止信号、等待应答信号、产生应答信号、不产生应答信号、发送和读取一个字节。

首先看 IIC 的起始信号，从前面 IIC 的时序图可以看出，IIC 开始通信之前需要一个开始信号。

相关代码如下：

```
void IIC_Start(void)
{
    SDA_OUT();                  //SDA线输出
    IIC_SDA=1;
    IIC_SCL=1;
    delay_us(4);
    IIC_SDA=0;//START:when CLK is high,DATA change form high to low
    delay_us(4);
    IIC_SCL=0;                  //钳住I2C总线，准备发送或接收数据
}
//产生IIC停止信号
void IIC_Stop(void)
{
    SDA_OUT();                  //SDA线输出
    IIC_SCL=0;
    IIC_SDA=0;//STOP:when CLK is high DATA change form low to high
    delay_us(4);
    IIC_SCL=1;
    IIC_SDA=1;                  //发送I2C总线结束信号
    delay_us(4);
}
//等待应答信号到来
```

```
//返回值: 1, 接收应答失败
//        0, 接收应答成功
u8 IIC_Wait_Ack(void)
{
    u8 ucErrTime=0;
    SDA_IN();                    //SDA设置为输入
    IIC_SDA=1;delay_us(1);
    IIC_SCL=1;delay_us(1);
    while(READ_SDA)
    {
        ucErrTime++;
        if(ucErrTime>250)
        {
            IIC_Stop();
            return 1;
        }
    }
    IIC_SCL=0;                   //时钟输出0
    return 0;
}
//产生ACK应答
void IIC_Ack(void)
{
    IIC_SCL=0;
    SDA_OUT();
    IIC_SDA=0;
    delay_us(2);
    IIC_SCL=1;
    delay_us(2);
    IIC_SCL=0;
}
//不产生ACK应答
void IIC_NAck(void)
{
    IIC_SCL=0;
    SDA_OUT();
    IIC_SDA=1;
    delay_us(2);
    IIC_SCL=1;
    delay_us(2);
    IIC_SCL=0;
}
//IIC发送一个字节
//返回从机有无应答
//1, 有应答
//0, 无应答
```

```
void IIC_Send_Byte(u8 txd)
{
    u8 t;
    SDA_OUT();
    IIC_SCL=0;                    //拉低时钟开始数据传输
    for(t=0;t<8;t++)
    {
        IIC_SDA=(txd&0x80)>>7;
        txd<<=1;
        delay_us(2);              //对TEA5767这三个延时都是必需的
        IIC_SCL=1;
        delay_us(2);
        IIC_SCL=0;
        delay_us(2);
    }
}
//读1个字节，ack=1时，发送ACK；ack=0时，发送nACK
u8 IIC_Read_Byte(unsigned char ack)
{
    unsigned char i,receive=0;
    SDA_IN();                     //SDA设置为输入
    for(i=0;i<8;i++ )
    {
        IIC_SCL=0;
        delay_us(2);
        IIC_SCL=1;
        receive<<=1;
        if(READ_SDA)receive++;
        delay_us(1);
    }
    if(!ack)
        IIC_NAck();               //发送nACK
    else
        IIC_Ack();                //发送ACK
    return receive;
}
```

7.4 IIC 接口应用案例——EEPROM 应用 IIC 接口

EEPROM (Electrically Erasable Programmable read only memory，带电可擦可编程只读存储器) 是一种掉电后数据不丢失的存储芯片。EEPROM 可以在计算机上或专用设备上擦除已有信息，重新编程。

在嵌入式产品中，EEPROM 被广泛应用，通常用来存储一些微量的数据，例如产品配置参数、用户名、密码等。一是它比较便宜，以本书配套开发板所配置的 AT24C08 为例，一片大概需要几角钱。二是它的用法比较简单，引脚数量也少，接口是标准的 IIC 接口。三是嵌入式产品所需要存储的数据通常不会太多，在数十到百字节的最常见，非常适合 AT24C08 这类的芯片。图 7-6 所示为本书配套开发板上的 AT24C08。

图 7-6　AT24C08 应用在开发板上

硬件连接在前面章节已经描述过，本节讲述 AT24C08 的使用。相关代码如下：

```c
//在AT24CXX指定地址读出一个数据
//ReadAddr:开始读数的地址
//返回值:读到的数据
u8 AT24CXX_ReadOneByte(u16 ReadAddr)
{
    u8 temp=0;
    IIC_Start();
    if(EE_TYPE>AT24C16)
    {
        IIC_Send_Byte(0XA0);            //发送写命令
        IIC_Wait_Ack();
        IIC_Send_Byte(ReadAddr>>8);     //发送高地址
    }else IIC_Send_Byte(0XA0+((ReadAddr/256)<<1));
    //发送器件地址0XA0,写数据
    IIC_Wait_Ack();
    IIC_Send_Byte(ReadAddr%256);        //发送低地址
    IIC_Wait_Ack();
    IIC_Start();
    IIC_Send_Byte(0XA1);                //进入接收模式
    IIC_Wait_Ack();
    temp=IIC_Read_Byte(0);
```

```
        IIC_Stop();                          //产生一个停止条件
      return temp;
}
//在AT24CXX指定地址写入一个数据
//WriteAddr:写入数据的目的地址
//DataToWrite:要写入的数据
void AT24CXX_WriteOneByte(u16 WriteAddr,u8 DataToWrite)
{
     IIC_Start();
     if(EE_TYPE>AT24C16)
     {
         IIC_Send_Byte(0XA0);               //发送写命令
         IIC_Wait_Ack();
         IIC_Send_Byte(WriteAddr>>8);   //发送高地址
     }else IIC_Send_Byte(0XA0+((WriteAddr/256)<<1));
     //发送器件地址0XA0,写数据
     IIC_Wait_Ack();
     IIC_Send_Byte(WriteAddr%256);      //发送低地址
     IIC_Wait_Ack();
     IIC_Send_Byte(DataToWrite);         //发送字节
     IIC_Wait_Ack();
     IIC_Stop();                          //产生一个停止条件
     delay_ms(10);
}
//在AT24CXX里面的指定地址开始写入长度为Len的数据
//该函数用于写入16bit或者32bit的数据.
//WriteAddr:开始写入的地址
//DataToWrite:数据数组首地址
//Len:要写入数据的长度2,4
void AT24CXX_WriteLenByte(u16 WriteAddr,u32 DataToWrite,u8 Len)
{
     u8 t;
     for(t=0;t<Len;t++)
     {
         AT24CXX_WriteOneByte(WriteAddr+t,(DataToWrite>>(8*t))&0xff);
     }
}
//在AT24CXX里面的指定地址开始读出长度为Len的数据
//该函数用于读出16 bit或者32 bit的数据
//ReadAddr:开始读出的地址
//返回值:数据
//Len:要读出数据的长度2,4
u32 AT24CXX_ReadLenByte(u16 ReadAddr,u8 Len)
{
     u8 t;
     u32 temp=0;
     for(t=0;t<Len;t++)
```

```
    {
        temp<<=8;
        temp+=AT24CXX_ReadOneByte(ReadAddr+Len-t-1);
    }
    return temp;
}
//检查AT24CXX是否正常
//这里用了24XX的最后一个地址(255)来储存标志字
//如果用其他24C系列,这个地址要修改
//返回1:检测失败
//返回0:检测成功
u8 AT24CXX_Check(void)
{
    u8 temp;
    temp=AT24CXX_ReadOneByte(255);      //避免每次开机都写AT24CXX
    if(temp==0X55)return 0;
    else                                //排除第一次初始化的情况
    {
        AT24CXX_WriteOneByte(255,0X55);
        temp=AT24CXX_ReadOneByte(255);
        if(temp==0X55)return 0;
    }
    return 1;
}
//在AT24CXX里面的指定地址开始读出指定个数的数据
//ReadAddr:开始读出的地址,对24c02为0~255
//pBuffer:数据数组首地址
//NumToRead:要读出数据的个数
void AT24CXX_Read(u16 ReadAddr,u8*pBuffer,u16 NumToRead)
{
    while(NumToRead)
    {
        *pBuffer++=AT24CXX_ReadOneByte(ReadAddr++);
        NumToRead--;
    }
}
//在AT24CXX里面的指定地址开始写入指定个数的数据
//WriteAddr:开始写入的地址,对24c02为0~255
//pBuffer:数据数组首地址
//NumToWrite:要写入数据的个数
void AT24CXX_Write(u16 WriteAddr,u8*pBuffer,u16 NumToWrite)
{
    while(NumToWrite--)
    {
        AT24CXX_WriteOneByte(WriteAddr,*pBuffer);
        WriteAddr++;
```

```
        pBuffer++;
    }
}
```

习　　题

1. 查找超声波传感器的资料，并借助本章所学的 IIC 知识来驱动超声波传感器。
2. 编码实现超声波测距的功能。

电机分类与原理介绍

电机（Electric Machinery）是指依据电磁感应定律实现电能转换或传递的一种电磁装置。电机包括电动机和发电机，在电路中电动机用字母 M（旧标准用 D）表示，它的主要作用是产生驱动转矩，作为用电器或各种机械的动力源；发电机在电路中用字母 G 表示，它的主要作用是将机械能转化为电能。如无特殊说明，本书此后出现的电机一词，通常是指电动机。

8.1 电动机分类

电动机（Motor）是一种通过电磁作用实现电能转换成机械能的装置，因为电流形式不同，机械结构也不一样，磁场形式也会有不同，电机本身的用途场所也会有差异，所以电机会有很多种类型，按照不同的标准，也会有不一样的叫法和品类。

1. 按电能的形式来分
（1）电有交流和直流两种形式，所以电机可以总体分成交流电机和直流电机两大类。
（2）交流电有单相和三相两种，有单相交流电机和三相交流电电机。
（3）电压有高低压等级之分，所以也有高压电机和低压电机的说法。

2. 按照原理来分类
（1）根据转差率不同，可以分成同步电机和异步电机。
（2）同步电机根据磁场不一样，有永磁同步电机，磁滞同步电机和磁阻同步电机。
（3）异步电机，有感应形式的，也有交流换向器形式的。而感应形式的有三相异步电机和罩极异步电机。交流换向器电机，还分为推斥电机，串激电机。

3. 按结构来分类
（1）根据结构不同，可分为绕线转子电机、鼠笼式转子电机，以及永磁转子电机。
（2）根据转子和定子位置不同，可分为内转子电机和外转子电机。
（3）根据是否有碳刷，可分为有刷电机和无刷电机。
（4）直流电机根据励磁形式，可以分为他励、串励、并励和复励集中形式。
（5）根据磁性材料不同，可分为铁氧体电机、稀土永磁电机和铝镍钴永磁电机。

4. 根据速度不同分类
（1）可分为高速电机、低速电机、恒速电机、调速电机。

（2）根据极数不一样，可分为 2 极、4 极、8 极、16 极、32 极等电机。

（3）低速电机，又分为力矩电机、减速电机、直驱电机、爪极同步电机。

5．根据用途和使用方式区分

（1）根据作用点，可分为动力电机和控制类电机。

（2）根据运行方式不同，可分为直接启动电机、软启动电机、调速电机。

（3）控制类电机，有伺服电机和步进电机。

6．行业和工艺分类

（1）电动工具。

（2）风机水泵。

（3）家电。

（4）汽车。

（5）工业。

7．其他

（1）根据防护类型，可分为封闭式、开启式、防水式、潜水式、水密式、防爆式电机。

（2）根据冷却方式不同，可分为自我风冷、强制风冷、水冷、油冷电机。

（3）绝缘等级不一样，有 AEBFHC 等级别。

（4）按照安装方式不同，有立式和卧式之分。

（5）根据工作时间不同，可分为连续工作款、短时工作款和断续工作款。

可以看到，电动机的种类多种多样，本书针对的是电机当中最具有代表性的、最基本和最常用的几种电动机。

8.1.1　有刷直流电机

有刷直流电机（见图 8-1）是一种直流电机，其定子上安装有固定的主磁极和电刷，转子上安装有电枢绕组和换向器。直流电源的电能通过电刷和换向器进入电枢绕组，产生电枢电流，电枢电流产生的磁场与主磁场相互作用产生电磁转矩，使电机旋转带动负载。由于电刷和换向器的存在，有刷电机的结构复杂，可靠性差，故障多，维护工作量大，寿命短，换向火花易产生电磁干扰。

图 8-1　有刷直流电机

BDC 的控制非常简单，直接给直流电源就可以驱动，直流有刷电机的 2 个电刷是通过绝缘座固定在电机后盖上直接将电源的正负极引入到转子的换向器上，而换向器连通了转子上的线圈，线圈极性不断地交替变换与外壳上固定的 2 块磁铁形成作用力而转动起来。由于换向器与转子固定在一起，而电刷与外壳固定在一起，电机转动时电刷与换向器不断地发生摩擦产生大量的阻力与热量。所有有刷电机的效率低下损坏大，但是它具有制造简单、成本低廉的特点。

8.1.2 无刷直流电机

无刷直流电机（BLDCM）如图 8-2 所示，是在有刷直流电机的基础上发展来的，但它的驱动电流是不折不扣的交流；无刷直流电机又可以分为无刷速率电机和无刷力矩电机。一般地，无刷电机的驱动电流有两种，一种是梯形波（一般是"方波"），另一种是正弦波。有时候把前一种叫直流无刷电机，后一种叫交流伺服电机，确切地讲也是交流伺服电机的一种。

图 8-2　无刷直流电机

无刷直流电机在重量和体积上要比有刷直流电机小得多，相应的转动惯量可以减少40%~50%。由于永磁材料的加工问题，致使无刷直流电机一般的容量都在 100kW 以下。这种电机的机械特性和调节特性的线性度好，调速范围广，寿命长，维护方便噪声小，不存在因电刷而引起的一系列问题，所以这种电机在控制系统中有很大的应用潜力。

8.1.3 伺服电机

伺服电机广泛应用于各种控制系统中，能将输入的电压信号转换为电机轴上的机械输出量，拖动被控制元件，从而达到控制目的。伺服电机系统如图 8-3 所示。一般来说，伺服电机要求电机的转速要受所加电压信号的控制；转速能够随着所加电压信号的变化而连续变化；转矩能通过控制器输出的电流进行控制；电机的反映要快、体积要小、控制功率要小。伺服电机主要应用在各种运动控制系统中，尤其是随动系统。

图 8-3　伺服电机系统

伺服电机有直流和交流之分，最早的伺服电机是一般的直流电机，在控制精度不高的情况下，才采用一般的直流电机做伺服电机。当前随着永磁同步电机技术的飞速发展，绝大部分伺服电机是指交流永磁同步伺服电机或者直流无刷电机。

8.1.4　步进电机

所谓步进电机就是一种将电脉冲转化为角位移的执行机构；更通俗一点讲：当步进驱动器接收到一个脉冲信号时，它就驱动步进电机按设定的方向转动一个固定的角度。我们可以通过控制脉冲的个数来控制电机的角位移量，从而达到精确定位的目的；同时还可以通过控制脉冲频率来控制电机转动的速度和加速度，从而达到调速的目的。目前，比较常用的步进电机包括反应式步进电机（VR）、永磁式步进电机（PM）、混合式步进电机（HB）和单相式步进电机等，如图 8-4 所示。

图 8-4　步进电机

步进电机和普通电机的区别主要在于其脉冲驱动的形式，正是这个特点，步进电机可以和现代的数字控制技术相结合。但步进电机在控制精度、速度变化范围、低速性能方面都不如传统闭环控制的直流伺服电机；所以主要应用在精度要求不是特别高的场合。由于步进电机具有结构简单、可靠性高和成本低的特点，所以步进电机广泛应用在生产实践的各个领域；尤其是在数控机床制造领域，由于步进电机不需要 A/D 转换，能够直接将数字脉冲信号转化成为角位移，所以一直被认为是最理想的数控机床执行元件。除了在数控机床上的应用，步进电机也可以用在其他机械上，比如作为自动送料机中的马达，也可以应用在打印机和绘图仪中。此外，步进电机也存在许多缺陷；由于步进电机存在空载启动频率，所以步进电机可以低速正常运转，但若高于一定速度时就无法启动，并伴有尖锐的啸叫声；不同厂家的细分驱动器精度可能差别很大，细分数越大精度越难控制；并且，步进电机低速转动时有较大的振动和噪声。

8.1.5　舵机

除了上面介绍的几种电机之外，还有另外一种电机（实际上是一个电机系统）非常常用。舵机（Servo）是由直流电机、减速齿轮组、传感器和控制电路组成的一套自动控制系统，如图 8-5 所示。通过发送信号，指定输出轴旋转角度。舵机一般而言都有最大旋转角度（如 180°）。与普通直流电机的区别：直流电机是一圈圈转动的，舵机只能在一定角度内转动，不能一圈圈转。普通直流电机无法反馈转动的角度信息，而舵机可以。用途也不同，普通直流电机一般是整圈转动做动力用，舵机是控制某物体转动一定角度用（比如机器人的关节）。

图 8-5　舵机

一般来说，在一个完整的自动控制系统中，信号电机、功率电机和控制电机都会有自己的用武之地。通常控制电机是很"精确"的电机，在控制系统中充当"核心执行装置"；而功率电机是比较"强壮"的大功率电机，常用来拖动现场的机器设备；信号电机则在控制系统中担任"通讯员"的角色，本质上就是"电机传感器"。当然，并不是所有的自动控制系统中都具备这 3 种电机，在一般的自动化领域，例如运动控制和过程控制，尤其是在运动控制中，控制电动机是必不可少的"核心器件"，所以控制电动机在自动化领域中的地位是举足轻重的，这也是人们对控制电机研究最多的原因之一。

后面会详细介绍：步进电机、有刷直流减速电机、舵机和无刷直流电机这 4 种电机的工作原理并使用 STM32 开发板实现驱动。

8.2　三个基本定则

8.2.1　左手定则

位于磁场中的载流导体，会受到力的作用，力的方向可按左手定则确定。如图 8-6 所示，伸开左手，使大拇指和其余四指垂直，把手心面向 N 极，四指顺着电流的方向，那么大拇指所指的方向就是载流导体在磁场中的受力方向。

力的大小为：$F = BIL \sin(\theta)$。其中，B 为磁感应强度（单位 T）；I 为电流大小（单位 A）；L 为导体有效长度（单位 m）；F 为力的大小（单位 N）；θ 为 B 和 I 的夹角。

8.2.2　右手定则

在磁场中运动的导体因切割磁力线会感生出电动势 E，其示意图如图 8-7 所示。

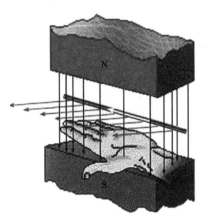

图 8-6　左手定则

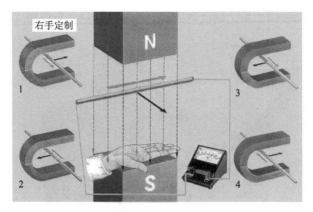

图 8-7　右手定则

电动势的大小：$E = vBL\sin(\theta)$。其中，v 为导体的运动速度（单位 m/s）；B 为磁感应强度（单位 T）；L 为导体长度（单位 m）；θ 为：B 和 L 的夹角。

8.2.3　安培定则

用右手握住通电螺旋管，使四指弯曲与电流方向一致，那么大拇指所指的那一端就是通电螺旋管的 N 极，如图 8-8 所示。

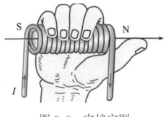

图 8-8　安培定则

8.3　直流电机工作原理

一台最简单的两极直流电机模型如图 8-9 所示，其中固定部分有磁铁，这里称作主磁极；固定部分还有电刷。转动部分有环形铁芯和绕在环形铁芯上的绕组。

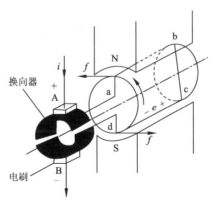

图 8-9　直流电机模型

8.3.1　构成

磁场：图 7-8 中 N 和 S 是一对静止的磁极，用以产生磁场，其磁感应强度沿圆周围正弦分布。

励磁绕组：容量较小的发电机是用永久磁铁做磁极的。容量较大的发电机的磁场是由直流电流通过绕在磁极铁芯上的绕组产生的。用来形成 N 极和 S 极的绕组称为励磁绕组，励磁绕组中的电流称为励磁电流 I_f。

电枢绕组：在 N 极和 S 极之间，有一个能绕轴旋转的圆柱形铁芯，其上紧绕着一个线圈称为电枢绕组（图中只画出一匝线圈），电枢绕组中的电流称为电枢电流 I_a。

换向器：电枢绕组两端分别接在两个相互绝缘而和绕组同轴旋转的半圆形铜片（换向片）上，组成一个换向器。换向器上压着固定不动的炭质电刷。

电枢：铁芯、电枢绕组和换向器所组成的旋转部分称为电枢。

8.3.2　电动势与能量转换

反电动势：电枢转动时，割切磁力线而产生感应电动势，这个电动势（用右手定则判定）的方向与电枢电流 I_a 和外加电压 U 的方向总是相反的，称为反电动势 E_a。电源只有克服这个反电动势才能向电动机输入电流。可见，电动机向负载输出机械功率的同时，电源却向电动机输入电功率，电动机起着将电能转换为机械能的作用。电动势方向与电流方向关系：反向。

能量转换：电源（电能）→电磁转矩→负载（机械能），由此可见，加于直流电动机的直流电源，借助于换向器和电刷的作用，使直流电动机电枢线圈中流过的电流方向是交变的，从而使电枢产生的电磁转矩的方向恒定不变，确保直流电动机朝确定的方向连续旋转。这就是直流电动机的基本工作原理。简单来说，直流电动机就是利用通电导体在磁场中受力运动而"切割"其磁力线的原理工作的。

习　题

请使用一小块磁铁、一节电池、一段铜线等材料制作一个可以转动的建议电机模型。

第 9 章

直流减速电机控制

在第 8 章介绍的电机基础上，本章重点介绍直流减速电机的相关参数与控制。

9.1 直流减速电机介绍

直流减速电机，即齿轮减速电机，是在普通直流电机的基础上，加上配套齿轮减速箱，实物如图 9-1 所示。齿轮减速箱的作用是，提供较低的转速、较大的力矩。同时，齿轮箱不同的减速比可以提供不同的转速和力矩，从而大大提高了直流电机在自动化行业中的使用率。减速电机是指减速机和电机的集成体。这种集成体通常也可称为齿轮电机或齿轮马达。通常由专业的减速机生产厂进行集成组装后成套供货。减速电机广泛应用于钢铁行业、机械行业等。使用减速电机的优点是简化设计、节省空间。

减速电机的特色主要有以下几点：减速电机节约空间，牢靠经用，能承受一定的过载能力，功率能达到需求；能耗低，性能优越；振荡小，噪声低，节能高，选用优质锻钢资料，刚性铸铁箱体；颠末精细加工，包管定位精度，齿轮传动总成的齿轮减速电机装备了各类电机，形成了机电一体化；采用了系列化、模块化的设计，有很广泛的适应性。同时可组合其他多种电机、装置方位和布局计划，可按实际需要挑选任意转速和各种布局方式。

图 9-1　直流减速电机：GM37–545

减速电机有几个重要参数在选型时作为参考值。图 9-1 所示为一个带编码器的 GM37-545 直流减速电机的实物图，其尺寸参数如下：

（1）外径尺寸：37 mm 长度尺寸依据参数不同长度不同。

（2）轴长：21 mm。

（3）轴径：直径 6 mm D 字形轴。

（4）电压：6~24 V。

（5）质量：290 g 左右，减速比不同，参数质量不同。

（6）接线规格：XH2.54-6PIN 端子连接头。

（7）编码器规格：AB 双相编码器 11 线基本信号电压 3.3 V 或 5.0 V。

图 9-2、图 9-3 展示了电机的详细性能参数，可以施加在电机两端 24 V 或者 12 V 的电压。

减速电机仕样性能表 Specifications

型号：GM37-545霍尔编码器直流减速电机

使用电压:DC24.0V时候 功率80W

特别说明：电机由于功率大，电流高，因此各位客户搭配电源一定要10A以上的

减速比（变比）	6.3	10	18.8	30	50	90	150	270	450	650	810
空载电流（mA）	≤400	≤400	≤400	≤400	≤400	≤400	≤400	≤400	≤400	≤400	≤400
空载转速(rpm)	1800	1150	610	380	225	125	75	42	25	17	14
额定转矩(Kg.cm)	1.0	1.8	3.5	5.5	9.0	16.0	最大允许负载35.0kg.cm（3.4N.m)否				
额定转矩(N.m)	0.1	0.17	0.34	0.53	0.88	1.56	则会打碎齿轮，因此这几款额定负载均				
额定转速（rpm）	1500	950	510	325	195	105	以35kg.cm测试（3.4N.m)测试				
额定电流（A）	≤2.3	≤2.3	≤2.3	≤2.3	≤2.3	≤2.3	≤2.3	≤2.0	≤1.8	≤1.5	≤1.0
堵死堵转电流（A）	14.5	14.5	14.5	14.5	14.5	14.5	14.5	14.5	14.5	14.5	14.5
减速器长度（L）	19.0	19.0	20.5	21.5	24.0	24.0	26.5	26.5	29.0	29.0	29.0
减速后编码线数	69.3	110	207	330	550	990	1650	2970	4950	7150	8910

图 9-2 外接 24 V 电压对应的电机参数

使用电压:DC12.0V时候 功率19W

减速比（变比）	6.3	10	18.8	30	50	90	150	270	450	650	810
空载电流（mA）	≤200	≤200	≤200	≤200	≤200	≤200	≤200	≤200	≤200	≤200	≤200
空载转速(rpm)	900	570	300	190	112	62	38	21	12	8.8	7
额定转矩(Kg.cm)	0.60	1.00	1.80	3.00	4.80	8.50	14.50	最大允许负载35.0kg.cm			
额定转矩(N.m)	0.05	0.09	0.09	0.29	0.47	0.83	1.42	（3.4N.m)测试			
额定转速（rpm）	760	480	250	160	95	52	32	15	10	7	6
额定电流（A）	≤1.2	≤1.2	≤1.2	≤1.2	≤1.2	≤1.2	≤1.2	≤1.5	≤1.0	≤0.8	≤0.6
断电保护电流（A）	7.2	7.2	7.2	7.2	7.2	7.2	7.2	7.2	7.2	7.2	7.2

图 9-3 外接 12 V 电压对应的电机参数

9.2 电机驱动

通过前面章节的叙述可知，想要控制电机旋转，其实只要在电机两端接上合适的电压即可。例如，如图 9-4 所示的电路就是最简单的电机控制电路。

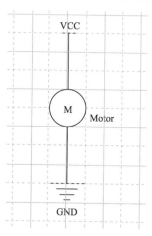

图 9-4 简单电机控制

但是，这样电机会一直运转下去，所以人们给它加上一个开关，通过开关控制电机运转还是停止。在电路设计中，人们采用晶体管或者 MOS 管来替代开关，例如采用如图 9-5 所示的电路进行电机的控制。采用型号为 IRFS3607 的 NMOS 管，它具有类似"电子开关"的特性，在下文将详细介绍该器件的特性。

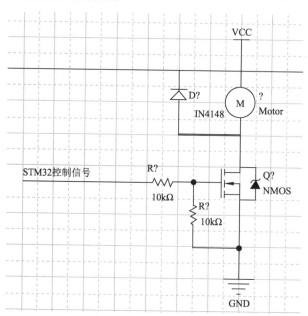

图 9-5 电机控制改进方案

从图 9-5 可以看出，来自于 STM32 的控制信号用来控制开关。但是，STM32 的引脚输出电流通常是毫安级别、输出电压在 0~3.3 V 之间。而直流减速电机的电流则以安［培］（A）

为单位、电压在 12~24 V 之间。这种情况类似于人类试图用双手来控制汽车轮子的转向，因此人们需要借助转向盘（液压助力）来控制车轮。

类似的，在 STM32 和电机之间，借助于一个驱动器来放大控制信号。通常来说，电机控制的整体方案如图 9-6 所示。

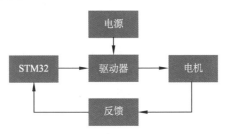

图 9-6　电机控制整体方案

9.2.1 驱动器

我们希望微控制器可以方便地调整电机速度，但微控制器的 IO 接口电压和电流一般都是非常有限的。所以，为方便控制需要在微控制器和电机直接添加一个驱动电路板，该电机驱动板有两种输入线：电源输入线和控制信号输入线。电源输入线为电机提供动力；控制信号线与微控制器的信号线连接，是实现调速的方法。电机驱动板还有一条输出线，有两个端口，它与直流电机的引脚直接连接。

下面先看一下最简单的可以控制电机正反转的电路，如图 9-7 所示。

针对上面的这个简易控制电路，通过表 9-1 可以清楚地看到电机的方向控制 (表格当中出现的 A、B、C 和 D 分别对应图 9-8 当中的 Q1、Q2、Q3 和 Q4)。

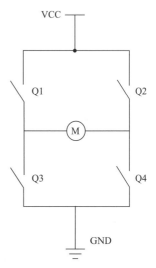

图 9-7　简易的 H 桥驱动器电路

表 9-1　控制状态表

A	B	C	D	旋转方向与状态
闭合	断开	断开	闭合	正转（计作）
断开	闭合	闭合	断开	反转（计作）
闭合	断开	闭合	断开	制动
断开	闭合	断开	闭合	制动
闭合	闭合	x（任意状态）	x（任意状态）	烧坏电源、电机
x（任意状态）	x（任意状态）	闭合	闭合	烧坏电源、电机
断开	断开	断开	断开	惰行

（1）当开关 A 和 D 闭合、B 和 C 断开时直流电机正常旋转，记该旋转方向为正方向。

（2）当开关 B 和 C 闭合、A 和 D 断开时直流电机正常旋转，记该旋转方向为反方向。

（3）当开关 A 和 C 闭合、B 和 D 断开或者当开关 B 和 D 闭合、A 和 C 断开时直流电机不旋转。此时可以认为电机处于"制动"状态，电机惯性转动产生的电势将被短路，形成阻碍运动的反电势，形成"制动"作用。

（4）当开关 A 和 B 闭合或者当开关 C 和 D 闭合时直接电源短路，会烧毁电源，这种情况严禁出现。

（5）当开关 A、B、C 和 D 四个开关都断开时，认为电机处于"惰行"状态，电机惯性所产生的电势将无法形成电路，从而也就不会产生阻碍运动的反电势，电机将惯性转动较长时间。

这样简单的控制开关状态就可以控制电机的选择方向。从图 9-7 中可以看到，其形状类似于字母"H"，而作为负载的直流电机是像"桥"一样架在上面的，所以称之为"H 桥驱动"。4 个开关所在位置称为"桥臂"。在电路中可以做电子开关的有晶体管和 MOS 管。可以使用这两种器件代替开关从而实现电路可控的效果，如图 9-8 所示。

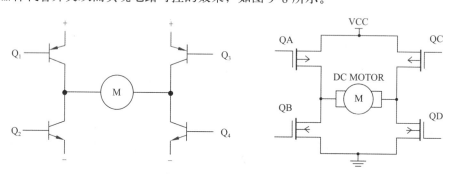

图 9-8　晶体管、MOS 管搭建的 H 桥电路

9.2.2　H 桥电路分析

下面开始以晶体管搭建的 H 桥电路解释电机正反转控制。要使电机运转，必须使对角线上的一对晶体管导通。例如，如图 9-9 所示，当 Q_1 管和 Q_4 管导通时，电流就从电源正极经 Q_1 从左至右穿过电机，然后再经 Q_4 回到电源负极。按图中电流箭头所示，该流向的电流将驱动电机顺时针转动。当晶体管 Q_1 和 Q_4 导通时，电流将从左至右流过电机，从而驱动电机按特定的方向转动。

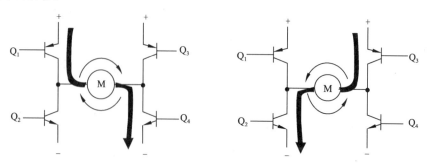

图 9-9　H 桥电路正反转电路

这里需要注意的是，电机一般会引出两个极，但并无正负之分，所谓的正反转也只是人为定义，具体要看实际的应用和安装情况。驱动电机时，保证 H 桥上两个同侧的晶体管不会

同时导通非常重要，如果晶体管 Q_1 和 Q_2 同时导通，那么电流就会从正极穿过两个晶体管直接回到负极，此时电路中除了晶体管外没有其他任何负载，因此电路上的电流就可能达到最大值（该电流仅受电源性能限制），甚至烧坏晶体管。基于上述原因，在实际驱动电路中通常要用硬件电路方便地控制晶体管的开关。

采用以上方法，电机的运转只需要 3 个信号控制，如两个方向信号和一个使能信号。如果 DIR－L 信号为 0，DIR－R 信号为 1，并且使能信号是 1，那么晶体管 Q_1 和 Q_4 导通，电流从左至右流经电机，如下图所示；如果 DIR－L 信号变为 1，而 DIR－R 信号变为 0。那么 Q_2 和 Q_3 将导通，电流则反向流过电机。

9.2.3 PWM 作为控制信号

来自 STM32 的控制信号可以是数字量或模拟量，但是为了可以调节接在电机两端的电压，最常用的方法是采用 PWM 来作为控制信号，如图 9-10 所示。

PWM(Pulse Width Modulation，脉冲宽度调制) 是指将输出信号的基本周期固定，通过调整基本周期内工作周期的大小来控制输出功率的方法。在 PWM 驱动控制的调整系统中，按一个固定的频率来接通和断开电源，并根据需要改变一个周期内"接通"和"断开"时间的长短。因此，PWM 又被称为"开关驱动装置"。脉冲作用下，当电机通电时，速度增加；电机断电时，速度逐渐降低。只要按一定规律改变通、断电的时间，即可让电机转速得到控制。

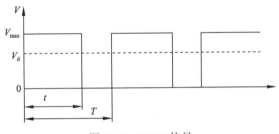

图 9-10　PWM 信号

设电机始终接通电源时，电机转速最大为 V_{max}，设占空比为 $D = \dfrac{d}{T} \times 100\%$，则电机的平均速度为：$V_d = V_{max} \times D$，式中的 V_d 表示电机的平均速度；V_{max} 表示电机全通电时的速度（最大）；D 是占空比。当改变占空比 D 时，就可以得到不同的电机平均速度，从而达到调速的目的。占空比 D 表示在一个周期 T 里面开关管导通的时间 t 与周期的百分比。可见 D 的变化范围为：$0 \leqslant D \leqslant 1$。在外部供电电源不变情况下（对应 V_{max} 不变），输出电压的平均值 V_d 取决于占空比 D 的大小，改变 D 值也就改变输出电压的平均值，从而达到控制电机转速的目的，这就是 PWM 调速。这里可能有部分同学可能觉得：这样信号总是通断通断，会不会造成电机抖动？实际上，这个问题在脉冲频率很低（时间周期大）时才可能存在的，一般给电机控制的 PWM 信号频率都是比较高的（非常高也不行，每个芯片都有最高的频率），另外一点，电机本身就是感性部件，所以一般不会存在因为 PWM 信号导致的抖动问题。占空比 D 的大小由 t 和 T 两个数值大小决定，所以一般有几种方法可以改变 D 的大小：定宽调频法（t 不变、T 改变）、定频调宽法（t 改变、T 不变）和调宽调频法（t 改变、T 改变）。在一般的微控制器中，都是任意生成 PWM 信号的，一般使用定频调宽法来改变占空比大小。

受限单极模式，只有 Q1 外接 PWM，其他 3 个 NMOS 管均由数字信号控制，优点是控制电路简单；缺点是不能制动，稳定性不好。

图 9-11、图 9-12 所示为 H 桥电路受限单极模式正转、反转图。

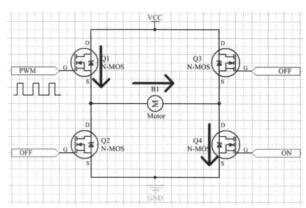

图 9-11　H 桥电路受限单极模式正转

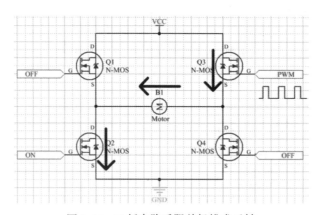

图 9-12　H 桥电路受限单极模式反转

单极模式，优点是启动快，能加速、制动；缺点是动态性能不好。图 9-13、图 9-14 所示为 H 桥电路单极模式正转、反转图。

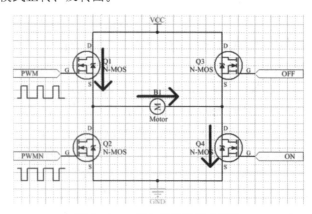

图 9-13　H 桥电路单极模式正转

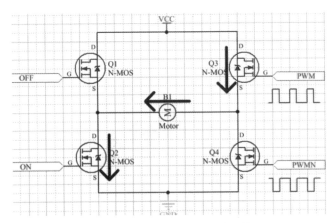

图 9-14 H 桥电路单极模式反转

图9-13、图9-14中所出现的PWM信号与PWMN信号分别是互补输出的两路PWM波形，互补PWM波形的详细介绍放在第10章中，参见图10-23。

双极控制模式，电枢电压的极性会正负交替，启动速度快，调速精度高；缺点是控制电路复杂。其中，单极模式和双极模式使用得较多，根据实际的负载情况，可以选择单极模式或者双极模式控制。图 9-15 所示为 H 桥电路双极模式图。

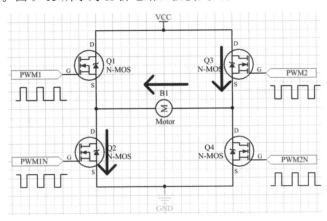

图 9-15 H 桥电路双极模式

9.3 常见电机驱动方案

当下在售的直流减速电机驱动模块有很多种，有的可以用来驱动大电流、大负载的电机，有的则用来进行比较精细的控制，有的比较考虑成本等。在本书当中，将一些常见的电机驱动芯片进行了整理，在实际应用中，可以参照不同的电机应用场景来选择合适的电机驱动芯片与驱动电路。H 桥电路虽然有着许多优点，但是在实际的制作过程中，由于元件较多，电路和搭建也较为麻烦，增加了硬件设计的复杂度。所以，绝大多数制作中通常直接选用专用的驱动芯片。目前市面上专用的驱动芯片很多，如 L298N、BST7970、MC33886 等，每种芯片有自己的优势，用户应该根据设计需要从价格和性能上综合考虑才行。比较常用的电机驱动模块有 L298N 驱动模块，在电商平台上很容易就可以购买到，价格也比较便宜。

图 9-16 所示为 L298N 电机驱动模式。

图 9-16　L298N 电机驱动模块

9.3.1　L298N 驱动芯片

L298N 内部的组成就是前面讲的 H 桥驱动电路。能够通过的驱动电流，每个芯片都有自身承受的最大电流，在设计时应保证电机的工作电流不会造成芯片的烧毁。对于器件的价格，一般在业余的制作基本不会考虑太多，但真正在产品的设计中，价格却是除了性能外必须考虑的另一个关键因素。

L298N 内部集成了两个 H 桥电路，工作原理与以上介绍的 H 桥相同，这里不再赘述，在使用时重点要了解其引脚的功能和主要的性能参数。引脚图如图 9-17 所示。

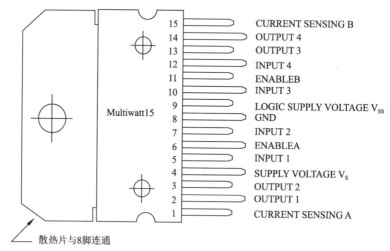

图 9-17　L298N 引脚功能

L298N 是 ST 公司生产的一种高电压、大电流的电机驱动芯片。该芯片采用 15 脚封装。主要特点是：工作电压高，最高工作电压可达 46 V，输出电流大，瞬间峰值可达 3 A，持续工作电流为 2 A；额定功率为 25 W。内含两个 H 桥的高电压大电流全桥式驱动器，可以用来驱动直流电机和步进电机、继电器线圈等感性负载；采用标准逻辑电平信号控制；具有两个用控制端，在不受输入信号影响的情况下允许或禁止器件工作有一个逻辑电源输入端，使内部逻辑电路部分在低电压下工作；可以外接检测电阻，将变化量反馈给控制电路。使用 L298N 芯片驱动电机，该芯片可以驱动一台两相步进电机和四相步进电机，也可以驱动两台直流电机。L298N 模块的驱动电路图如图 9-18 所示。

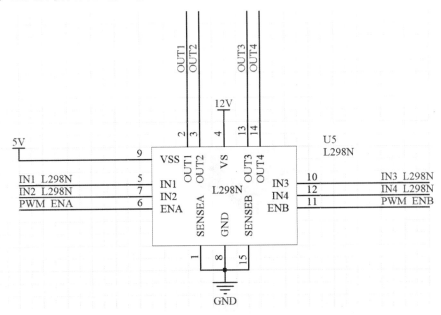

图 9-18　L298N 驱动电路

电路图 9-18 中有两个电源，一路为 L298N 工作需要的 5V 电源 VCC，一路为驱动电机用的电池电源 12V。1 脚和 15 脚有的电路在中间串接了大功率的电阻，可以不加。8 个续流二极管是为了消除电机转动时的尖峰电压保护电机而设计，简化电路可以不加。6 脚和 11 脚为两路电机通道的使能开关，高电平使能。通常 6 脚和 11 脚可以直接接高电平来保证一直使能，也可以交由单片机控制。

由于工作时 L298N 的功率较大，可以适当加装散热片。该电机驱动电路可以驱动 2 路直流电机，使能端 ENA、ENB 为高电平有效，控制方法和电机状态如表格 9-2 所示。

表 9-2　控制引脚与输出状态关系

ENA	IN1	IN2	直流电机状态（OUT1 和 OUT2）
0	任意	任意	停止
1	0	0	制动
1	0	1	正转
1	1	0	反转
1	1	1	制动

类似的，ENB、IN3 和 IN4 对应控制 OUT3 和 OUT4 状态。

表 9-2 中，实现了电机的各种转向，但是没有涉及电机调速，通常人们采用 PWM 来切换 ENA、ENB 的电平高低，从而达到控制输出电压的高低。假设 PWM 的占空比为 $\dfrac{t}{T}$，

那么输出电压就是 $Vcc \times \dfrac{t}{T}$，从而实现了对电机的调速。在原理图中，将两路 PWM 连接在 ENA 和 ENB 上，可以分别实现对两路直流电机的调速功能。

9.3.2　BTS7970 驱动芯片

BTS7970 是一个完全集成的大电流电机驱动芯片，特别适用于电路板空间小、成本优化的设计当中。其封装外形如图 9-19 所示。

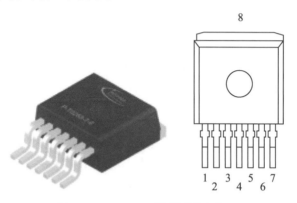

图 9-19　BTS7970 外形引脚分布

在国内著名的开源硬件 HANDS-FREE 中就使用了 BTS7970，如图 9-20 所示。

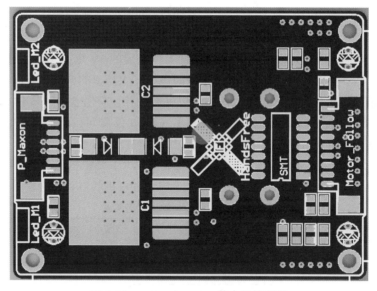

图 9-20　HANDS-FREE 的电机控制板

9.3.3　IR2104 驱动芯片

IR2014 是典型的板桥驱动芯片，可以将输入信号转换为半桥的控制信号，用来控制两个 NMOS 管，形成一个电机控制的半桥。因此，在控制电机时为了实现 H 桥，需要两片 IR2104+4 片 NMOS 管。图 9-21 所示为 IR2104 典型连接。

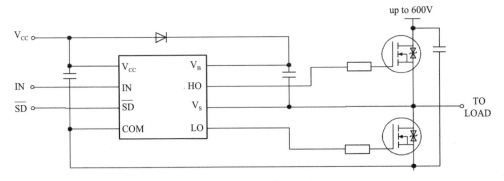

图 9-21 IR2104 典型连接

常见的 IR2104 电机控制方案如图 9-22 所示。

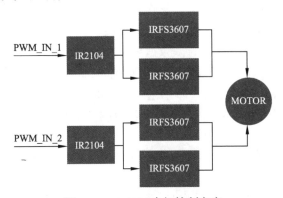

图 9-22 IR2104 电机控制方案

图 9-23 中的 IRFS3607 是 NMOS 管，起到控制桥臂开启与关断的开关作用。采用 PWM 输入，从而达到调速、调向的作用。设 1 路 PWM 的占空比是 a，2 路 PWM 的占空比是 b，根据 a 和 b 之间的大小关系，实现对电机的相应控制。

习　题

1. 请使用 AD 电路绘图软件来绘制几种不同电机驱动模块的原理图、PCB 图。
2. 如果条件允许，请制作 PCB 并焊接元件，实现自己的电机控制系统。

通用定时器与基本定时器

定时器，人们对这个概念并不陌生，普通电子表或者手机上都有类似"倒计时"的功能。在单片机当中，定时器一般用来精确设置一个时间段，例如 1 s。在练习"流水灯"程序时，曾经编写过一个简单的延时函数，通过双重循环来运行多条空指令，以达到定时"大约" 1 s 的时间间隔。而通过定时器设置的 1 s，则是非常精确的。因此，单片机中的定时器被广泛应用，例如串口的接收处理、PWM 输出等。本书是针对电机驱动的一本教材，而使用定时器产生的 PWM 来控制电机状态是工业普遍的方法，所以对定时器的深入学习，是很有必要的。

10.1 定时器

STM32 定时器最基本的功能就是定时，常见的有定时发送 USART 数据、定时采集 AD 数据等。如果读者对定时器的基础知识掌握得不是很好，需要对以下内容重点关注。

10.1.1 定时器简介

STM32F1xx 系列总共有 11 个定时器，其中 2 个高级控制定时器、4 个通用定时器、2 个基本定时器、2 个把关定时器（俗称看门狗）和 1 个系统滴答定时器。其中，TIM1 和 TIM8 能够产生 3 对 PWM 互补输出，常用于电机的驱动：TIM2~TIM5 是通用定时器，TIM6 和 TIM7 是基本定时器，时钟由 APB1 输出产生。基本定时器的功能较为简单，包含两个定时器 TIM6 和 TIM7。这两个定时器的功能主要有两个：第一是基本定时功能，当累加的时钟脉冲数超过预定值时，能触发中断或者触发 DMA 请求；第二是专门用于驱动数模转换器（DAC）。TIM6 和 TIM7 两者间是完全独立的，当然，可以同时使用。STM32F1×× 系列定时器的说明如表 10-1 所示。

表 10-1　STM32F1xx 系列定时器的说明

定时器	计数器分辨率	计数器类型	预分频系数	产生 DMA 请求	捕获 / 比较通道	互补输出
TIM1 TIM8	16 位	向上、向下、向上 / 下	1~65 536 之间的任意整数	可以	4	有
TIM2 TIM3 TIM4 TIM5	16 位	向上、向下、向上 / 下	1~65 536 之间的任意整数	可以	4	没有

续表

定时器	计数器分辨率	计数器类型	预分频系数	产生 DMA 请求	捕获 / 比较通道	互补输出
TIM6 TIM7	16 位	向上	1~65 536 之间 的任意整数	可以	0	没有

10.1.2 定时器工作原理

首先看一个日常生活中常见的设备：计数码盘。如图 10-1 所示，码盘的每一位都由 0~9 组成，码盘上以固定间隔 t 不断计数。假设码盘从 0 计数到 25，那么计时时长就是 $25 \times$ 间隔 t。

单片机的定时器就如同这个码盘一样。定时器能够精确定时，在于其内部有计数器，计数器以固定间隔（例如 1s）计数，计数到 3 就是 3 s、计数到 5 就是 5 s。

在 STM32F1 内部，有一些 8 位、16 位或者 24 位、32 位的寄存器，这些寄存器就起着计数器的功能。8 位的寄存器可以从 0 计数到 0xFF，16 位寄存器则可以从 0 计数到 0xFFFF。每个计数间隔是均匀的，是系统时钟的倍数，这样就可以定出不同的时长。

图 10-1　计数码盘

10.1.3 功能框图

定时器的功能框图是定时器的最核心内容，掌握了定时器的功能框图，就可以试着去思考定时器的功能，此时对定时器就会有更加清晰的理解。图 10-2 所示为基本定时器框图。

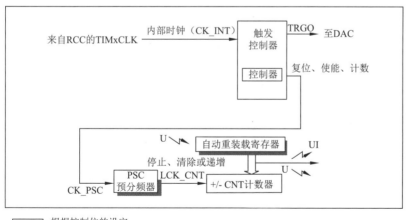

图 10-2　基本定时器框图

（1）CK_INT 时钟源：基本定时器的时钟源只能来自内部时钟，是由 CK_INT 提供。定时器的时钟不是直接来自 APB1 或 APB2，而是来自输入为 APB1 或 APB2 的一个倍频器。在后面的图 10-2 时钟配置图中可以看出，APB1 时钟 2 分频之后又经过一个倍频，最终提供给 TIM6&TIM7 的时钟源时 72 MHz。

（2）控制器：对基本定时器的复位、使能以及计数的控制，甚至可用于 DAC 转换触发。

（3）CNT 计数器：负责计数，计数的频率由 PSC 预分频器和时钟源来设置。当计数器计数到达自动重载寄存器的值时，会自动从 0 开始重新计数。

（4）预分频器 PSC：对系统时钟进行分频，是一个 0 ~ 65 535 之间的数值。

（5）计数频率 CK_CNT：图 10-2 中 CK_CNT 是计数器的时钟，CK_CNT 经 PSC 预分频器得来，实际公式是：CK_CNT=FCK_PSC/(PSC+1)。STM32F1 的时钟源是 72 MHz、PSC 预分频设置为 999，那么计数频率为 1/72 ms。

（6）计数周期 ARR：也称自动重装载寄存器，这是一个 0 ~ 65 535 之间的一个数字，实际计时的时长 t=ARR/CK_CNT。

（7）计数模式：向上计数、向下计数、中间对齐模式 1、2 和 3。向上计数就是从 0 开始计数到 ARR，然后回头从 0 继续开始向上计数；向下计数从 ARR 递减计数到 0，然后回头从 ARR 继续向下计数；中间对齐模式下，计数器的计数方式是从 0 → ARR-1 → ARR → ARR-1 → 0。

（8）内部时钟分频（CKD）：用来分频产生其他模块的采样时钟。

（9）自动重装载预装载：禁止自动重装载的预装机制，自动重装载寄存器没有缓冲区，对计数周期的修改直接影响下一个周期的定时长度；使能自动重装载的预装机制，自动重装载寄存器有缓冲区，对计数周期的修改影响的是下一个周期的定时长度。当需要频繁改变计数周期且计数周期间隔很短时，使能预装载。当计数周期较长时，可以关闭预装载。

定时器的具体时序如图 10-3 所示。

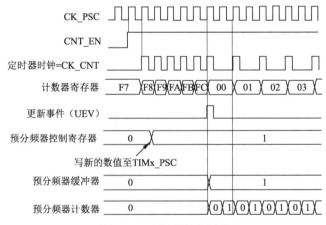

图 10-3　定时器计数时序

图 10-3 中的 CK_CNT 是定时器的"脉搏"，这个脉搏来源于 CK_PSC。当预分频为 0 时，CK_CNT 和 CK_PSC 保持同步；当预分频为 1 时，CK_CNT 就变成 CK_PSC 的倍数。脉搏每跳动一下，计数器中的值就变动一次，直到达到计数周期 0xFC。硬件这时会产生 UEV 事

件以通知其他模块。

10.1.4 输出比较

定时器除了基本的计时功能外，还有着诸多强大的功能。定时器有 4 个捕获 / 比较通道，它们有输入端：TI1、TI2、TI3 和 TI4；输出端：OC1、OC2、OC3 和 OC4。依靠这些通道，定时器可以实现输入捕获、输出比较，以及 PWM 输出等多项功能。

输出比较指的是当计数值到达自动重装载 ARR 时，控制输出端的电平高低，可以输出包括保持不变、翻转、有效电平或无效电平。这里的有效电平可以设置成高电平或者低电平。图 10-4 所示为四条通道的框图。

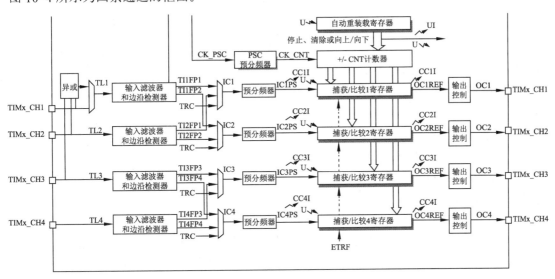

图 10-4　四条捕获 / 比较通道

对 TIM1 而言，通道 1、2、3、4 的引脚默认分别对应着 PE9、PE11、PE13 和 PE14。

10.1.5 输入捕获

输入捕获模式可以用来测量脉冲宽度或者测量频率，所谓输入捕获，简单地说就是通过检测通道上的边沿信号，在边沿信号发生跳变（比如上升沿 / 下降沿）时，将当前定时器的值（TIMx_CNT）存放到对应的通道的捕获 / 比较寄存（TIMx_CCRx）中，完成一次捕获。同时，还可以配置捕获时是否触发中断 /DMA 等。

对于 TIM1，它有 4 根引脚分别对应着输入捕获通道 1、2、3、4。默认这 4 根引脚是 PA8、PA9、PA10、PA11。在 MX 软件中，选择通道时，会自动在单片机的引脚图上出现相应的引脚。STM32 将通道称为 IC1、IC2、IC3 和 IC4，将输入信号称为 TI1、TI2、TI3 和 TI4。

有了输入捕获通道这个概念，在看如下的输入通道时会有更清楚的概念。图 10-5 中的 TI1 就是通道 1（IC1）的输入引脚 PA8，外部信号从 TI1 输入，经过一系列滤波、边沿检测，检测出上升沿（下降沿），分频后最终形成 IC1PS 脉冲，该脉冲会产生 CC1I 事件，使得捕获 / 比较寄存器（TIMx_CCR1）记录下此刻计数器的数值。

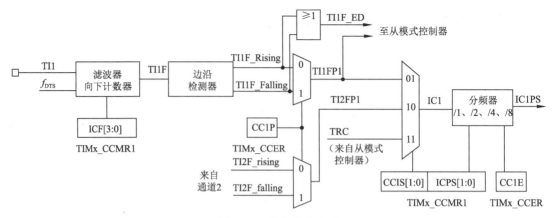

图 10-5　输入捕获通道

每一个捕获 / 比较通道都是围绕着一个捕获 / 比较寄存器，包含输入部分和输出部分。输入部分有数字滤波、多路复用和预分频器；输出部分有比较器和输出控制。从图 10-5 可以看出，输入部分对相对应的 TIx 输入信号进行采样，滤波后产生一个信号 TIxF。然后一个带极性选择的边沿检测器产生一个信号（TIxFPx），它可以作为从模式控制器的输入触发或者作为捕获控制。信号预分频进入捕获寄存器。

首先需要设置 TIMx_ARR 和 TIMx_PSC，确定定时器的计时频率。在基本定时器章节中已经学习了如何设置，在此就不再介绍。

接着设置 TIMx_CCMR1（见图 10-6），它有 16 位，但是部分位有双重含义，因此看到在图 10-6 中部分单元格分为 2 行，因为这个寄存器可以在输入捕获下使用，也可以在输出比较中使用。第 2 行是作为输入捕获时使用。0~7 位用于设置通道 1，8~15 位用于设置通道 2；同理，TIMx_CCMR2 寄存器的低 8 位用于设置通道 3，高 8 位用于设置通道 4。

15	14	13	12	11	10	9	8	7	6	5	4	3	2	1	0
OC2CE	OC2M[2:0]			OC2PE	OC2PE	CC2S[1:0]		OC1CE	OC1M[2:0]			OC1PE	OC1PE	CC1S[1:0]	
IC2F[3:0]				IC2PSC[1:0]				IC1F[3:0]				IC1PSC[1:0]			
rw	rw	rw	rw	rw	rw	rw	rw	rw	rw	rw	rw	rw	rw	rw	rw

图 10-6　TIMx_CCMR1 寄存器

对于通道 1，其详细设置位如表 10-2 所示。其中，选取 CC1S[1:0]=01，表示选取 TIMx_CH1 作为通道 1；IC1PSC[1:0] 为 0，即一次边沿就触发一次捕获；IC1F[3:0] 为 0000，即不进行输入滤波。

接着设置 TIMx_CCER 寄存器，该寄存器的最低位 CC1E 是使能 / 禁止输入捕获的控制位。

接着设置 TIMx_DIER 寄存器，该寄存器的 CC1IE 位是使能 / 禁止通道 1 中断控制位。

接着设置 TIMx_CR1 寄存器，向最低位写 1 来启动定时器。

最后看看 TIMx_CCR1 寄存器，该寄存器就是用来存储捕获发生时的计数值。例如，通过连续两次捕获上升沿的计数值，可以计算出方波的频率。

表 10-2　通道 1 设置位

位 15:12	IC2F[3:0]：输入捕获 2 滤波器（Input capture 2 filter）
位 11:10	IC2PSC[1:0]：输入 / 捕获 2 项分频器（Input capture 2 prescaler）
位 9:8	CC2S[1:0]：捕获 / 比较 2 选择（Capture/Compare 2 selection） 这 2 位定义通道的方向（输入 / 输出），及输入脚的选择： 00：CC2 通道被配置为输出。 01：CC2 通道被配置为输入，IC2 映射在 T12 上。 10：CC2 通道被配置为输入，IC2 映射在 T11 上。 11：CC2 通道被配置为输入，IC2 映射在 TRC 上。此模式仅工作在内部触发器输入被选中时（由 TIMx_SMCR 寄存器的 TS 位选择）。 注：CC2S 仅在通道关闭时（TIMX_CCER 寄存器的 CC2E=0）才是可写的
位 7:4	ICIF[3:0]：输入捕获 1 滤波器（Input capture 1 filter） 这几位定义了 T11 输入的采样频率及数字滤波器长度。数字滤波器由一个事件计数器组成，它记录到 N 个事件后会产生一个输出的跳变： 0000：无滤波器，以 f_{OTS} 采样 ⟶ 1000：采样频率 $f_{SAMPLING}=f_{OTS}/8$，$N=6$ 0001：采样频率 $f_{SAMPLING}=f_{CK\_INT}$，$N=2$ ⟶ 1001：采样频率 $f_{SAMPLING}=f_{OTS}/8$，$N=8$ 0010：采样频率 $f_{SAMPLING}=f_{CK\_INT}$，$N=4$ ⟶ 1001：采样频率 $f_{SAMPLING}=f_{OTS}/16$，$N=5$ 0011：采样频率 $f_{SAMPLING}=f_{CK\_INT}$，$N=8$ ⟶ 1001：采样频率 $f_{SAMPLING}=f_{OTS}/16$，$N=6$ 0011：采样频率 $f_{SAMPLING}=f_{CK\_INT}$，$N=8$ ⟶ 1001：采样频率 $f_{SAMPLING}=f_{OTS}/16$，$N=6$ 0100：采样频率 $f_{SAMPLING}=f_{OTS}/2$，$N=6$ ⟶ 1100：采样频率 $f_{SAMPLING}=f_{OTS}/16$，$N=8$ 0101：采样频率 $f_{SAMPLING}=f_{OTS}/2$，$N=8$ ⟶ 1101：采样频率 $f_{SAMPLING}=f_{OTS}/32$，$N=5$ 0110：采样频率 $f_{SAMPLING}=f_{OTS}/4$，$N=6$ ⟶ 1110：采样频率 $f_{SAMPLING}=f_{OTS}/32$，$N=6$ 0111：采样频率 $f_{SAMPLING}=f_{OTS}/4$，$N=8$ ⟶ 1111：采样频率 $f_{SAMPLING}=f_{OTS}/32$，$N=8$
位 3:2	IC1PSE[1:0]：输入 / 捕获 1 项分频器（Input capture 1prescaler） 这 2 位定义了 CC1 输入（C1）的预分频系数。 一量 CC1E=0（TIMx_CCER 寄存器中），则预分频器复位。 00：无预分频器，捕获输入口上检测到的每一个边沿都触发一次捕获； 01：每 2 个事件触发一次捕获； 10：每 4 个事件触发一次捕获； 11：每 8 个事件触发一次捕获
位 1:0	CC1S[1:0]：捕获 / 比较 1 选择（Capture/Compare 1 Selection） 这 2 位定义通道的方向（输入 / 输出），及输入脚的选择； 00：CC1 通道被配置为输出。 01：CC1 通道被配置为输入；IC1 映射在 T11 上。 10：CC1 通道被配置为输入；IC1 映射在 T12 上。 01：CC1 通道被配置为输入；IC1 映射在 TRC 上。此模式仅工作在内部触发器输入被选中时（由 TIMx_SMCR 寄存器的 TS 位选择）。 注：CC1S 仅在通道关闭时（TIMx_CCER 寄存器的 CC1E=0）才是可写的

10.2 脉冲宽度调制

脉冲宽度调制（PWM）技术是利用微处理器的数字输出来对模拟电路进行控制的一种非常有效的技术，广泛应用在从测量、通信到功率控制与变换的许多领域。PWM 的占空比是高电平占整个周期的比例，PWM 的一种重要用途就是可以用来驱动电机，当改变 PWM 的占空比时，相应的电压值也会产生改变。占空比高意味着输出电压高,反之则输出更低的电压。理论上占空比的取值范围可以为 0 ～ 100。在 PWM 波形当中，高电平占据整个周期的比例称为占空比，当占空比高时，整体电压就接近高电平，反之当占空比低时，整体电压就降低直至为 0。我们正是通过这一原理来实现呼吸灯的功能。图 10-7 所示为占空比 50% 的 PWM 波形。

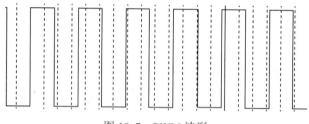

图 10-7　PWM 波形

PWM 的实现原理很简单，基于定时器来实现。在前面章节当中讲到定时器时，主要就是通过设置 PSC 和 ARR 两个参数来决定定时器的频率。而 PWM 的实现原理是设置一个称为 Pulse 的整数。PWM 产生过程是：计数器从 0 开始计数，还没有计数到 ARR 之前，通道引脚输出一种极性的电平，当计数超过 Pulse 时，输出电平的极性翻转，然后一直计数到 ARR，从而产生 PWM 输出。当改变 Pulse 的值时，就可以相应地改变占空比。图 10-8 所示为占空比为 5% 的波形。

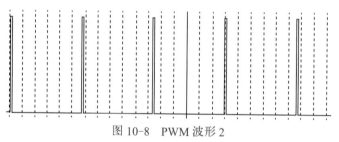

图 10-8　PWM 波形 2

前文讲到，TIM 的核心就是一个计数器，通过修改 TIMx_ARR 的值可以改变装载值，从而改变定时周期，或者说改变了频率。在这个计数过程中，通过改变 TIMx_CCRx 的值来改变 PWM 的占空比。计数器有 3 种不同的计数模式，这里以向上计数模式为例，通过图 10-9 可以更容易理解这一过程。

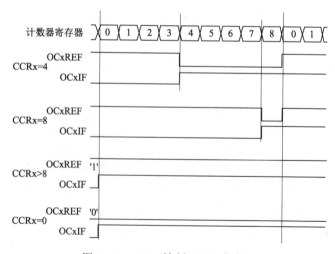

图 10-9　CCRx 控制 PWM 占空比

由 TIMx_ARR 寄存器确定频率,由 TIMx_CCRx 确定占空比。TM32 的 PWM 模式有两种,根据 TIMx_CCMRx 寄存器中的 OcxM 位来确定(110 为模式 1,111 为模式 2)。其区别如下:

(1)110:PWM 模式 1,在向上计数时,TIMx_CNT<TIMx_CCR1 时通道 1 为有效电平,否则为无效电平;在向下计数时,TIMx_CNT>TIMx_CCR1 时通道 1 为无效电平,否则为有效电平。

(2)111:PWM 模式 2,在向上计数时,TIMx_CNT<TIMx_CCR1 时通道 1 为无效电平,否则为有效电平;在向下计数时,TIMx_CNT>TIMx_CCR1 时通道 1 为有效电平,否则为无效电平。

上面两个模式看起来复杂,其实是两个互补,正好是相反的,理解记住其中一个即可。

根据 TIMx_CR1 寄存器中 CMS 位的状态,定时器能够产生边沿对齐的 PWM 信号或者中央对齐的 PWM 信号。一般的电机控制用的都是边沿对齐模式,FOC 电机一般用中央对齐模式,如图 10-10 所示。

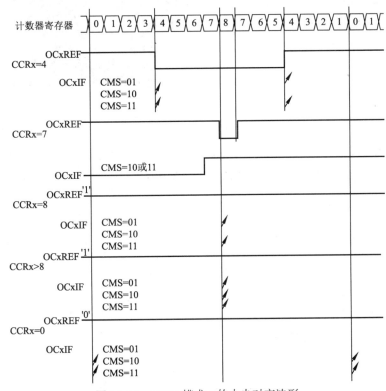

图 10-10　PWM 模式 1 的中央对齐波形

中央对齐模式可以分为 3 种,根据 CMS 位的不同,比较中断的中断标志可以在计数器向上计数时被置 1,在计数器向下计数时被置 1,或者在计数器向上和向下计数时被置 1。

10.3 MX 生成工程

本节首先讲解定时器的基本设置,后续在不同的实现案例当中,再额外进行设置。

(1)选择需要用到的基本定时器 TIM6 和 TIM7,如图 10-11 所示。将预分频值设置为 71，周期设置为 1 000，触发事件选择为清零。这样设置，TIM6 每计数一次的频率是 72MHz/(71+1)=1MHz，或者说 TIM6 每计数一次用时 1μs。基本定时器只有向上计数模式，也就是说 TIM6 只能从 0 开始往上计数，直到计数到给定的周期值产生计数溢出为止。这里设定周期为 1 000，则 TIM6 每次中断，定时为 1 μs×1 000=1 ms。

图 10-11　TIM6&TIM7 选择

（2）进行定时器时钟的设置，如图 10-12 所示。在前面讲过，基本定时器时钟是经过 APB1 倍频的。经过倍频后，定时器的时钟是 72 MHz。

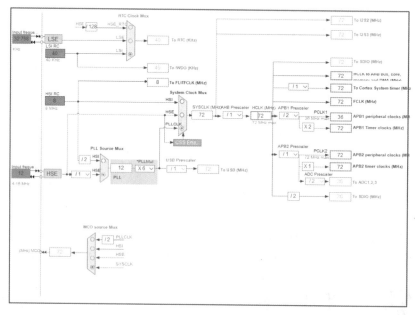

图 10-12　基本定时器时钟配置

（3）选择开启中断，如图 10-13 所示。

图 10-13　开启定时器中断

上面是对 MX 软件生成定时器工程的主要设置，其他设置，例如 GPIO 等的设置不再叙述。直接单击 GENERATE CODE 生成代码来生成工程，如图 10-14 所示。

图 10-14　生成代码

10.4 定时器应用

10.4.1 实现定时 1s

定时器的基本功能之一就是精确定时，定时 1s，需要设置的基本参数包括分频系数 PSC、自动重装载值 ARR 等。虽然经过了分频，定时器的基本定时周期仍然是 ms 量级，所以可以在软件当中通过控制一个整型变量来达到多次中断的效果。

与前面章节所生成的代码结构类似，TIM6 的相关代码包括初始化代码和中断代码，均需要用到 TIM_HandleTypeDef 这个结构体类型。

MX 的设置（见图 10-15）与前文所述一样，设置 PSC 为 999、ARR 为 72，那么每次定时器中断的时间间隔是 1ms，同时需要使能定时器中断。

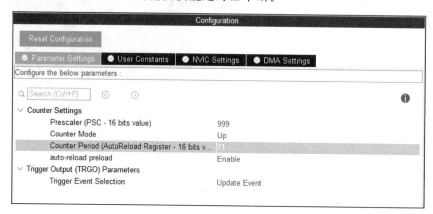

图 10-15　MX 设置定时器

所需要用到的 HAL 库函数如下，在 main() 函数中的初始化部分用来启动定时器。

```
HAL_TIM_Base_Start_IT(&htim6);
```

当计数器到达 ARR 并产生溢出中断时，会自动调用中断处理函数。为了达到定时 1 s 的目的，额外设置一个整数 index 来记录中断发生的次数，当中断 1 000 次时才进行 LED 的切换。

```
void HAL_TIM_PeriodElapsedCallback(TIM_HandleTypeDef*htim)
{
    static uint16_t index=0;
    if( index >= 1000){
        HAL_GPIO_TogglePin(GPIOC,GPIO_PIN_6);
        index=0;
    }
}
```

10.4.2 输出比较生成 PWM

前文介绍到定时器的输出比较功能，可以通过配置，在输出通道上输出不同的电压：有效电平、无效电平和切换电平。图 10-16 所示为 MX 支持的输出比较的类型。

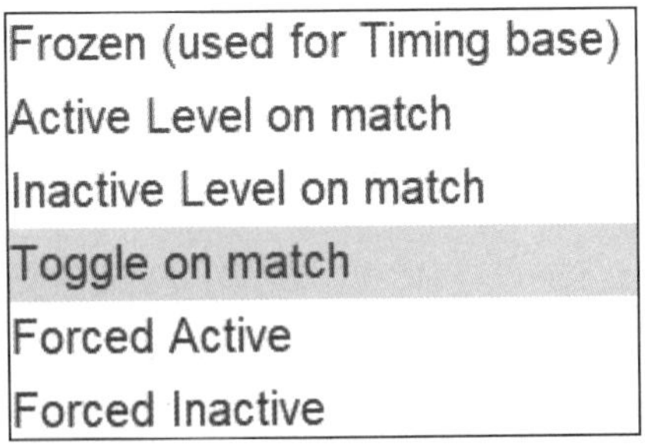

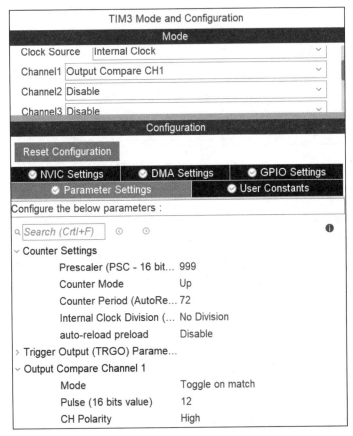

```
Frozen (used for Timing base)
Active Level on match
Inactive Level on match
Toggle on match
Forced Active
Forced Inactive
```

图 10-16　输出比较的类型

MX 当中计数器设置与基本定时功能的设置相似，可以选择 PSC:999、ARR:72。另外，还需要设置输出比较通道 1 的相关参数，如图 10-17 所示。

图 10-17　输出比较通道 1 的设置

为了方便观察输出波形的情况，可以使用示波器、逻辑分析仪来量取硬件引脚，或者用 MDK 自带的模拟逻辑分析仪来观察输出的波形。MDK 自带的模拟逻辑分析仪比较容易上手，简单设置几步就可以观察到模拟的输出波形。

（1）在 MDK 的魔法棒中设置使用模拟器，同时修改 Dialog DLL 和 Parameter 为 DARMSTM.DLL、–pSTM32F103VE，如图 10-18 所示。

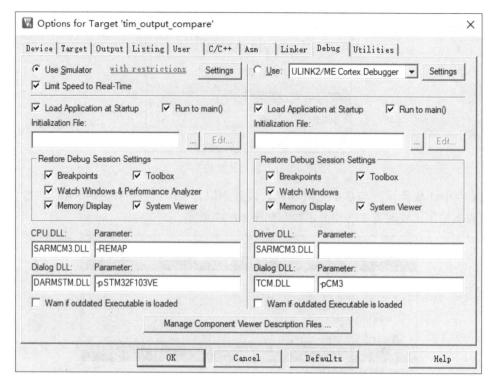

图 10-18　仿真调试设置

（2）单击工具栏上的 Debug 按钮进入 Debug 模式，如图 10-19 所示。

图 10-19　仿真调试按钮

（3）在 Debug 模式下，单击工具栏上的"逻辑分析仪"按钮，打开逻辑分析仪，如图 10-20 所示。

图 10-20　逻辑分析仪按钮

（4）单击 Setup（见图 10-21），并新增对 PORTC.6 的监测（见图 10-22），显示类型设置位 Bit。

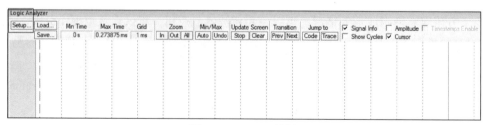

图 10-21　Setup 按钮

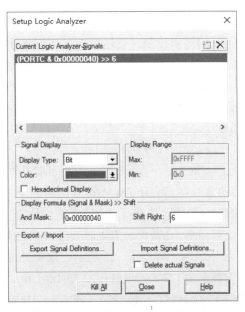

图 10-22　新增对 PORTC.6 的监测

可以在逻辑分析仪中观察该通道引脚的输出情况。

在逻辑分析仪中，可以观察到比较输出的波形。图 10-23 所示为一个占空比为 50% 的方波，之所以占空比是 50%，是因为无论设置 Pulse 为多少，高电平持续时间和低电平持续时间均是 ARR 时间间隔。而 Pulse 存在的意义是改变波形的初相位。

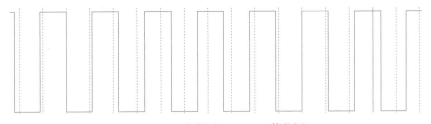

图 10-23　新增对 PORTC.6 的监测

我们可以新增一个定时器通道 TIM3-CH2，其他参数如：分频系数、技术模式和 ARR 等保持一致，Pulse 设置为 6 000，可见二者频率一致、占空比都是 50%，而相位不同，CH2 的相位落后于 CH1，如图 10-24 所示。

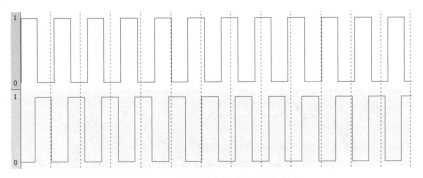

图 10-24　两路输出比较通道的输出

10.4.3 PWM 呼吸灯

前面章节当中介绍了 LED 的显示控制，通过对控制引脚输出高低电平来达到控制 LED 亮和灭的功能。本节介绍通过 PWM 来调节 LED 的亮度，调节 PWM 的占空比，可以改变输出通道的电压值。

所需要用到的 HAL 库函数主要有以下 3 个：

```
HAL_TIM_Base_Start_IT(&htim3);
HAL_TIM_PWM_Start(&htim3,TIM_CHANNEL_1);
__HAL_TIM_SET_COMPARE(&htim3,TIM_CHANNEL_1,pwm_index);
```

前两个库函数分别是启动定时器、启动 PWM 通道，第三个函数用来设置占空比，其第三个参数是 0 ~ ARR 之间的一个数值，决定了 PWM 的占空比。

MX 设置 PWM 的过程比较简单，在前面设置定时器的基础之上，需要设置的有以下几点：定时器的 Channel、Pulse、管道引脚。如图 10-25 所示，设置 Pulse 为 36、ARR 为 72、PSC 为 999，意味着输出 PWM 的频率为 [72×(999+1)]/72 MHz=1 ms、占空比 36/72=50%。

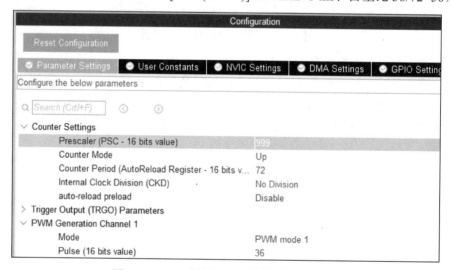

图 10-25　MX 设置 TIM3 通道 1 输出 PWM

在生成的代码当中，需要注意两点：初始化、定时器中断处理。首先是 tim.c 中的定时器初始化代码，如下所示：

```
TIM_HandleTypeDef htim3;
void MX_TIM3_Init(void)
{
    TIM_OC_InitTypeDef sConfigOC={0};
    if (HAL_TIM_PWM_Init(&htim3)!=HAL_OK)
    {
        Error_Handler();
    }
    sMasterConfig.MasterOutputTrigger=TIM_TRGO_RESET;
    sMasterConfig.MasterSlaveMode=TIM_MASTERSLAVEMODE_DISABLE;
    if(HAL_TIMEx_MasterConfigSynchronization(&htim3,&sMasterConfig)!=HAL_OK)
```

```
    {
        Error_Handler();
    }
    sConfigOC.OCMode=TIM_OCMODE_PWM1;
    sConfigOC.Pulse=36;
    sConfigOC.OCPolarity=TIM_OCPOLARITY_HIGH;
    sConfigOC.OCFastMode=TIM_OCFAST_DISABLE;
  if (HAL_TIM_PWM_ConfigChannel(&htim3,&sConfigOC,TIM_CHANNEL_1)!=HAL_OK)
    {
        Error_Handler();
    }
    HAL_TIM_MspPostInit(&htim3);
}
```

在上述定时器的初始化代码中，关于设置 PSC 和 ARR 的部分不再叙述，只关注 PWM 的相关代码。TIM_OC_InitTypeDef 结构体类型用来配置 PWM 相关的参数，相关代码如下：

```
typedef struct
{
    uint32_t OCMode;
    uint32_t Pulse;
    uint32_t OCPolarity;
    uint32_t OCNPolarity;
    uint32_t OCFastMode;
    uint32_t OCIdleState;
    uint32_t OCNIdleState;
} TIM_OC_InitTypeDef;
```

TIM_OC_InitTypeDef 用来设置输出比较的参数，熟悉了这些参数的设置就基本上掌握了 PWM 的细节。

OCMODE 用来设置输出比较或者 PWM 的模式，所支持的模式列在以下代码中，这里选择 TIM_OCMODE_PWM1。

```
#define TIM_OCMODE_TIMING           0x00000000U
#define TIM_OCMODE_ACTIVE           (TIM_CCMR1_OC1M_0)
#define TIM_OCMODE_INACTIVE         (TIM_CCMR1_OC1M_1)
#define TIM_OCMODE_TOGGLE           (TIM_CCMR1_OC1M_0|TIM_CCMR1_OC1M_1)
#define TIM_OCMODE_PWM1             (TIM_CCMR1_OC1M_1|TIM_CCMR1_OC1M_2)
#define TIM_OCMODE_PWM2             (TIM_CCMR1_OC1M)
#define TIM_OCMODE_FORCED_ACTIVE    (TIM_CCMR1_OC1M_0|TIM_CCMR1_OC1M_2)
#define TIM_OCMODE_FORCED_INACTIVE  (TIM_CCMR1_OC1M_2)
```

OCPolarity、OCNPolarity 和 OCIdleState、OCNIdleState 用来设置互补输出 PWM 的极性设置，仅仅在 TIM1 和 TIM8 当中有效。

在 main() 函数中的主要代码如下，包括对 TIM3 以及 PWM 通道 1 的初始化。

```
int main(void)
{
```

```
    MX_GPIO_Init();
    MX_TIM3_Init();
    /*USER CODE BEGIN 2*/
    HAL_TIM_Base_Start_IT(&htim3);
    HAL_TIM_PWM_Start(&htim3,TIM_CHANNEL_1);
    /*USER CODE END 2*/
    while (1)
    {
    }
}
```

为了实现呼吸灯的效果，可以采取中断和非中断两种方法。在 main() 函数中，每间隔一段时间，调用 __HAL_TIM_SET_COMPARE 来修改占空比。

```
uint8_t pwm_index=0;
while (1)
{
    __HAL_TIM_SET_COMPARE(&htim3,TIM_CHANNEL_1,pwm_index++);
    if (pwm_index>=72)pwm_index=0;
    HAL_Delay(30);
}
```

或者在 TIM3 的定时中断函数中，间隔一定时间段，调用 __HAL_TIM_SET_COMPARE 来修改占空比。

```
void HAL_TIM_PeriodElapsedCallback(TIM_HandleTypeDef*htim)
{
    static uint8_t pwm_index=0;
    __HAL_TIM_SET_COMPARE(&htim3,TIM_CHANNEL_1,pwm_index++);

    if(pwm_index>=72)pwm_index=0;
}
```

当调用 __HAL_TIM_SET_COMPARE(&htim3,TIM_CHANNEL_1,36) 时，使用 MDK 自带的逻辑分析仪，可以清楚地看到 TIM3 通道 1（PC6）的输出波形如图 10-26 所示。

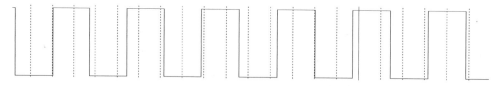

图 10-26 逻辑分析仪观察 PWM 波形

当调用 __HAL_TIM_SET_COMPARE(&htim3,TIM_CHANNEL_1,2) 时，PWM 波形如图 10-27 所示。可以明显观察到占空比从 50% 跳变到 4.5%。

当调用 __HAL_TIM_SET_COMPARE(&htim3,TIM_CHANNEL_1,70) 时，PWM 波形如图 10-28 所示。可以明显观察到占空比跳变到 70/72=97%。

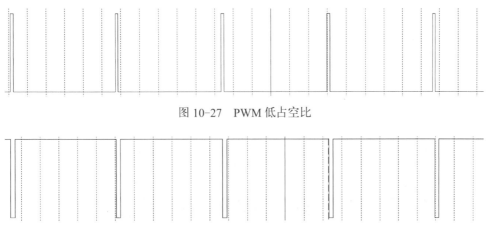

图 10-27   PWM 低占空比

图 10-28   PWM 高占空比

10.4.4   按键周期检测

通过定时器来检测按键按下的时间间隔，借助于定时器的输入捕获功能，当按键按下时记录下计数值，当按键弹起时同样记录下计数值，这两个计数值之间的计时间隔就是按键按下与弹起之间的时间长度。在 HAL 库函数当中，通过 TIM_IC_InitTypeDef 结构体来记录输入捕获的相关设置参数。

```
typedef struct
{
    uint32_t  ICPolarity;
    uint32_t ICSelection;
    uint32_t ICPrescaler;
    uint32_t ICFilter;
} TIM_IC_InitTypeDef;
```

（1）ICPolarity：表示捕获的极性，有 TIM_ICPOLARITY_RISING、TIM_ICPOLARITY_FALLING 和 TIM_ICPOLARITY_BOTHEDGE 三种选择，分别表示上升沿捕获、下降沿捕获和同时捕获。HAL 还提供了一个方法专用来设置通道 1 的捕获极性，这个方法允许在运行时修改捕获极性。

```
#define __HAL_TIM_SET_CAPTUREPOLARITY(__HANDLE__,__CHANNEL__,__POLARITY__)
```

（2）ICSelection：表示映射到 TIx，有 TIM_ICSELECTION_DIRECTTI、TIM_ICSELECTION_INDIRECTTI 和 TIM_ICSELECTION_TRC 三种选择，读者可以回顾定时器的通道框架图，比较每个 IC 的输入端。

（3）ICPrescaler：设置事件发生几次进行捕获，有 TIM_ICPSC_DIV1、TIM_ICPSC_DIV2、TIM_ICPSC_DIV4 和 TIM_ICPSC_DIV8 四种选择。以 TIM_ICPSC_DIV1 为例，表示每遇到一个上升沿就捕获一次；TIM_ICPSC_DIV8 表示 8 个上升沿才捕获一次。

（4）ICFilter：设置输入滤波器的长度，是一个 0 ~ 0xF 之间的数值。

上述这些参数对应的 MX 参数设置如图 10-29 所示。

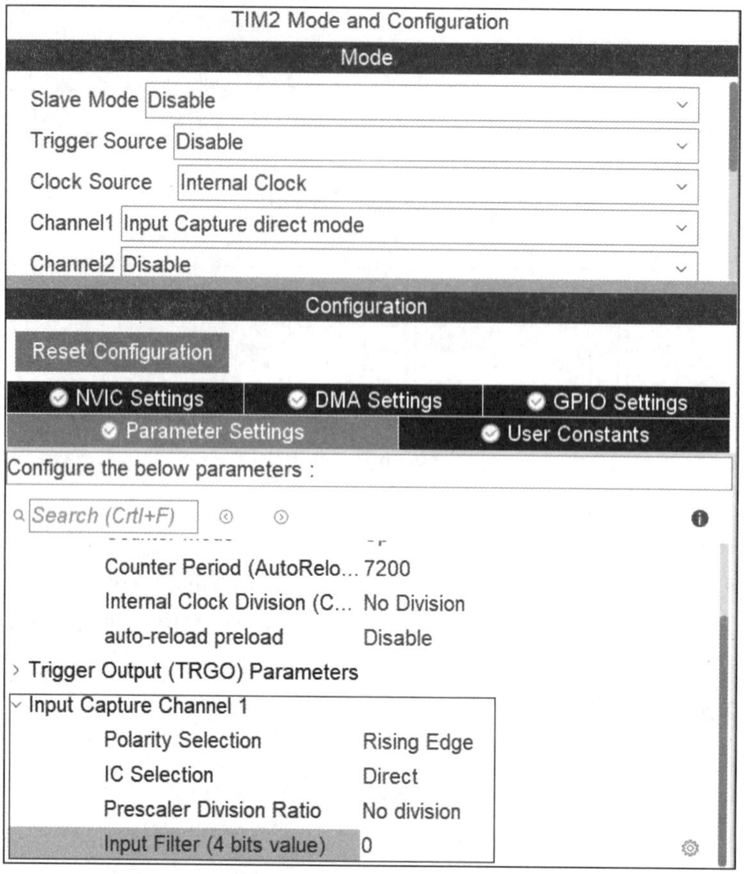

图 10-29　MX 参数设置

所需要用到的 HAL 库函数主要有以下几个：

```
HAL_TIM_Base_Start(TIM_HandleTypeDef*htim);
HAL_TIM_IC_Start_IT(TIM_HandleTypeDef*htim,uint32_t Channel);
#define __HAL_TIM_SET_CAPTUREPOLARITY(__HANDLE__,__CHANNEL__,
__POLARITY__)
#define __HAL_TIM_GET_COMPARE(__HANDLE__,__CHANNEL__)\
(*(__IO uint32_t*)(&((__HANDLE__)->Instance->CCR1)+((__CHANNEL__)
>> 2U)))
#define __HAL_TIM_GET_COUNTER(__HANDLE__)((__HANDLE__)->Instance->CNT)
```

前面 3 个库函数不再叙述，第四个函数表示获取捕获到的计数值，最后一个函数表示获取计数器的值。定时器的初始化代码如下：

```
void MX_TIM2_Init(void)
{
    TIM_ClockConfigTypeDef sClockSourceConfig={0};
    TIM_MasterConfigTypeDef sMasterConfig={0};
    TIM_IC_InitTypeDef sConfigIC={0};
    htim1.Instance=TIM1;
    htim1.Init.Prescaler=999;
```

```
    htim1.Init.CounterMode=TIM_COUNTERMODE_UP;
    htim1.Init.Period=72;
    htim1.Init.ClockDivision=TIM_CLOCKDIVISION_DIV1;
    htim1.Init.RepetitionCounter=0;
    htim1.Init.AutoReloadPreload=TIM_AUTORELOAD_PRELOAD_DISABLE;
    if (HAL_TIM_Base_Init(&htim2)!=HAL_OK)
    {
        Error_Handler();
    }
    sClockSourceConfig.ClockSource=TIM_CLOCKSOURCE_INTERNAL;
    if (HAL_TIM_ConfigClockSource(&htim1,&sClockSourceConfig)!=HAL_OK)
    {
        Error_Handler();
    }
    if (HAL_TIM_IC_Init(&htim1)!=HAL_OK)
    {
        Error_Handler();
    }
    sMasterConfig.MasterOutputTrigger=TIM_TRGO_RESET;
    sMasterConfig.MasterSlaveMode=TIM_MASTERSLAVEMODE_DISABLE;
    if(HAL_TIMEx_MasterConfigSynchronization(&htim1,&sMasterConfig)!=HAL_OK)
    {
        Error_Handler();
    }
    sConfigIC.ICPolarity=TIM_INPUTCHANNELPOLARITY_RISING;
    sConfigIC.ICSelection=TIM_ICSELECTION_DIRECTTI;
    sConfigIC.ICPrescaler=TIM_ICPSC_DIV1;
    sConfigIC.ICFilter=0;
    if(HAL_TIM_IC_ConfigChannel(&htim1,&sConfigIC,TIM_CHANNEL_1)!=HAL_OK)
    {
        Error_Handler();
    }
}
```

定时器中断处理函数如下，这里用到了两个分支的中断处理函数，之所以需要两个函数是考虑到按键按下时超过一个计数周期，也就是按键按下和弹起的中间计数器溢出了，这时就需要将溢出周期考虑进来。

```
uint8_t cnt_overflow_index=0;
uint8_t capture_type;
uint16_t capture_cnt_a,capture_cnt_b;
uint16_t ret;
int main(void)
{
    //初始化为上升沿捕获,1：上升沿捕获；0：下降沿捕获
    capture_type=1;
}
```

```
void HAL_TIM_IC_CaptureCallback(TIM_HandleTypeDef*htim)
{
    uint16_t cnt=__HAL_TIM_GET_COMPARE(htim,TIM_CHANNEL_1);
    if (capture_type==1){
        capture_type=0;
        capture_cnt_a=cnt;
        __HAL_TIM_SET_CAPTUREPOLARITY(htim,TIM_CHANNEL_1,TIM_ICPOLARITY_
FALLING);
    }
    else
    {
        capture_type=1;
        capture_cnt_b=cnt;
        __HAL_TIM_SET_CAPTUREPOLARITY(htim,TIM_CHANNEL_1,TIM_ICPOLARITY_RISING);

        if (capture_cnt_b > capture_cnt_a)
        {
            ret=cnt_overflow_index*T+(capture_cnt_b-capture_cnt_a)*T;
        }
        else
        {
            ret=cnt_overflow_index*T-(capture_cnt_a-capture_cnt_b)*T;
        }
        cnt_overflow_index=0;
    }
}
void HAL_TIM_PeriodElapsedCallback(TIM_HandleTypeDef*htim)
{
  cnt_overflow_index++;
}
```

计数的类型、捕获到的计数值等，实际情况比较复杂，这里仅讨论向上计数，具体情况分为两种：第二次捕获到的值 > 第一次捕获到的值；第二次捕获到的值 < 第一次捕获到的值。

（1）如图 10-30 所示，按键按下与弹起的事件在一个计数周期内完成了，也就是没有发生溢出中断，这种情况最为简单，只需要将计数值相减就可以计算出时间。

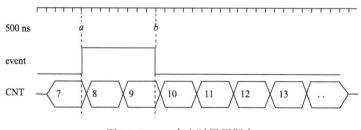

图 10-30　一个定时器周期内

但是很多时候，这种情况可能不满足，因为从前文描述可知，定时器的计数周期是毫秒级别的，所以按键按下和弹起的间隔超过计数周期的可能性很大，如图 10-31 所示。

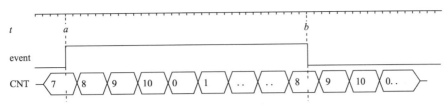

图 10-31　多个定时器周期 1

图 10-31 中，在 ab 之间发生了计数器溢出中断，且 b 点的计数值 $>a$ 点的计数值，那么计时间隔 $=(b-a)\times T+N\times T$。此处 T 是计数一次的时间、N 是溢出次数。

（2）仍然是多个定时器周期，但是 b 点的计数值 $<a$ 点的计数值，此时计时间隔 $=N\times T-(a-b)\times T$，如图 10-32 所示。

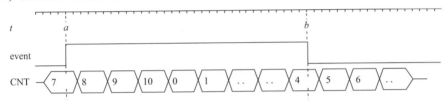

图 10-32　多个定时器周期 2

10.4.5　电容按键检测

电容按键的检测也是利用定时器的输入捕获功能，其原理如图 10-33 所示。图中出现的 TPAD 指的是电容触摸按键，其原理与手机触摸屏类似，可以检测是否有手指的触摸。

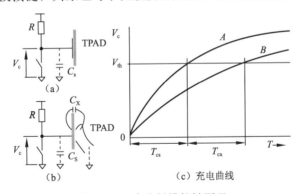

图 10-33　电容触摸按键原理

在图 10-33（b）当中，当有手指接触按键时，将会产生一个额外的 C_x 电容，这样对电容 C_s 的充电会产生影响，当没有手指触摸时，C_s 的充电曲线如图 10-33（c）中的 A 曲线所示；而当有手指触摸时，手指和 TPAD 之间引入了新的电容 C_x，此时 C_s+C_x 的充电曲线如图 10-33（c）中的 B 曲线所示。也就是说，A、B 的充电时间 T_{cs} 和 T_{cx} 有比较大的差距，只要能够检测出充电时间就可以判断出是 A 还是 B，也就是说可以判断是否有按键这个动作发生。系统上电之时，电容会进行一次充电，记录下这次充电时间作为基本比较时间。

具体的实现步骤如下：

（1）通用定时器初始化并配置为输入捕获模式。

（2）通用定时器硬件初始化配置，包括外设时钟和引脚时钟的使能、引脚的配置。

（3）为了检测充电时间的不同，需要设置 IO 输出低电平为电容按键放电。

（4）初始化触摸按键，获取没有触摸时的值。

（5）扫描触摸按键，如果有触摸，取值进行判断，若成功捕获到一次上升沿，蜂鸣器响。
对应的 MX 参数的设置如图 10-34 所示。

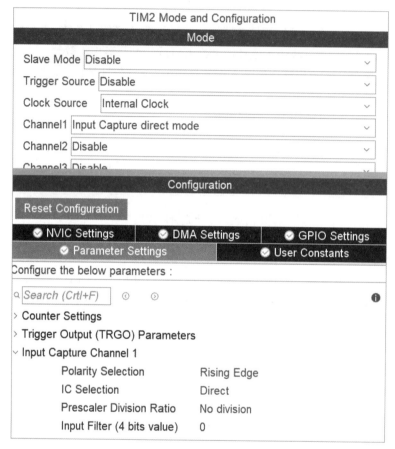

图 10-34　MX 参数设置

按照图 10-34 的设置，每当有上升沿来临时，当时的计数值就会被存储进比较器容器中。

然后，在 NVIC Settings 当中，勾选时钟更新中断和捕获比较中断，这样，在捕获到时就可以出发相应的中断，如图 10-35 所示。

NVIC Interrupt Table	Enabled	Preemption Priority	Sub Priority
TIM2 global interrupt	✓	0	0

图 10-35　输入捕获的 NVIC 参数设置

部分代码如下：

```
//得到定时器捕获值
//如果超时,则直接返回定时器的计数值
//返回值：捕获值/计数值（超时的情况下返回）
u16 TPAD_Get_Val(void)
```

```
{
    TPAD_Reset();
    while(__HAL_TIM_GET_FLAG(&TIM5_Handler,TIM_FLAG_CC2)==RESET)
//等待捕获上升沿
    {
        if(__HAL_TIM_GET_COUNTER(&TIM5_Handler)>TPAD_ARR_MAX_VAL-500)
return __HAL_TIM_GET_COUNTER(&TIM5_Handler);   //超时了,直接返回CNT的值
    };
    return HAL_TIM_ReadCapturedValue(&TIM5_Handler,TIM_CHANNEL_2);
}
//读取n次,取最大值
//n: 连续获取的次数
//返回值: n次读数里面读到的最大读数值
u16 TPAD_Get_MaxVal(u8 n)
{
    u16 temp=0;
    u16 res=0;
    u8 lcntnum=n*2/3;                        //至少2/3*n的有效个触摸,才算有效
    u8 okcnt=0;
    while(n--)
    {
        temp=TPAD_Get_Val();                 //得到一次值
        if(temp>(tpad_default_val*5/4))okcnt++;   //至少大于默认值的5/4才算有效
        if(temp>res)res=temp;
    }
    if(okcnt>=lcntnum)return res;        //至少2/3的概率,要大于默认值的5/4才算有效
    else return 0;
}
//扫描触摸按键
//mode:0,不支持连续触发(按下一次必须松开才能按下一次);1,支持连续触发(可以一直按下)
//返回值:0,没有按下;1,有按下;
u8 TPAD_Scan(u8 mode)
{
    static u8 keyen=0;                       //0,可以开始检测;>0,还不能开始检测
    u8 res=0;
    u8 sample=3;                             //默认采样次数为3次
    u16 rval;
    if(mode)
    {
        sample=6;                            //支持连按的时候,设置采样次数为6次
        keyen=0;                             //支持连按
    }
    rval=TPAD_Get_MaxVal(sample);
    if(rval>(tpad_default_val*4/3)&&rval<(10*tpad_default_val))
    //大于tpad_default_val+(1/3)*tpad_default_val,且小于10倍
    //tpad_default_val,则有效
```

```
{
    if(keyen==0)res=1;         //keyen==0,有效
    //printf("r:%d\r\n",rval);
    keyen=3;                   //至少要再过3次之后按键才能有效
}
if(keyen)keyen--;
return res;
}
```

main() 函数的代码如下：

```
while(1)
{
    if(TPAD_Scan(0))           //成功捕获到了一次上升沿(此函数执行时间至少15 ms)
    {
        LED1=!LED1;            //LED1取反
    }
}
```

10.4.6 测量频率与占空比

1．采用输入捕获模式测量

使用输入捕获模式可以实现测量频率与占空比。如图 10-36 所示，在一个波形周期内捕获 3 次脉冲：第一次上升沿捕获进 value1；第一次下降沿捕获进 value2；第二次上升沿捕获进 value3。占空比 =(value2-value1)/(value3-value1)，频率 f=1/((value3-value1)×T)。

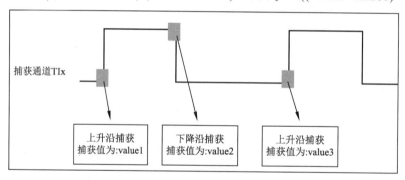

图 10-36 频率测量示意图

这种测量方法也存在多个周期的问题：如果两次捕获之间，计数器到达重装载值会发生什么情况？例如第一次捕获时，计数值为120；然而，输入信号的波形比较宽，导致第二次捕获还没有到的时候，计数器已经到了尽头并重新开始计数，第二次捕获到的计数值是 10。这样就不能单纯地让两次计数值相减，而是应该考虑到重装载的次数以进行补偿，在代码环节有相应的实现。

MX 的设置与前两节基本保持一致，在此不再叙述，重点关注中断函数当中的处理，两段中断处理函数的代码如下。将定时器初始化为上升沿捕获，在捕获中断处理函数中，一旦捕获到上升沿，就将极性修改为下降沿捕获；一旦是捕获到下降沿，就再次修改为上升沿捕获。主要实现代码如下：

```
uint8_t cnt_overflow_index=0;
uint8_t capture_type;
uint16_t capture_cnt_a,capture_cnt_b,capture_c;
uint16_t ret;
int main(void)
{
    //初始化为上升沿捕获,1：上升沿捕获；2：下降沿捕获；
    //3:第二次上升沿捕获
    capture_type=1;

    while (1)
    {
        if (capture_type==100){
            printf("freq: %d KHz;ratio:%f \r\n",72000/freq,ratio);
            HAL_Delay(500);
            capture_type=1;
        }

        HAL_Delay(500);
    }
}
void HAL_TIM_IC_CaptureCallback(TIM_HandleTypeDef*htim)
{
    uint16_t cnt=__HAL_TIM_GET_COMPARE(htim,TIM_CHANNEL_1);
    switch (capture_type){
        case 1:
        capture_type=2;
            value1=cnt;
    __HAL_TIM_SET_CAPTUREPOLARITY(htim,TIM_CHANNEL_1,TIM_ICPOLARITY_
FALLING);
            cnt_overflow_index=0;value2=0;value3=0;fcnt=hcnt=0;

            break;
    case 2:
            capture_type=3;
            value2=cnt;
            if (value2 > value1){
                hcnt=cnt_overflow_index*7200+value2-value1;
            } else {
                hcnt=cnt_overflow_index*7200-(value1-value2);
            }
    __HAL_TIM_SET_CAPTUREPOLARITY(htim,TIM_CHANNEL_1,TIM_ICPOLARITY_RISING);

        break;
    case 3:
        capture_type=100;
```

```
        value3=cnt;
        if (value3 > value1){
            fcnt=cnt_overflow_index*7200+value3-value1;
        }else {
            fcnt=cnt_overflow_index*7200-(value1-value3);
        }
        freq=fcnt;
        ratio=(float)((float)hcnt/(float)fcnt);
        fcnt=hcnt=0;
        value1=value2=value3=0;
        cnt_overflow_index=0;

        break;
    }
}
void HAL_TIM_PeriodElapsedCallback(TIM_HandleTypeDef*htim)
{
    cnt_overflow_index++;
}
```

2. 采用外部时钟模式测量

使用定时器的输入捕获功能，可以实现对脉冲频率的测量，另外还有一种方案也可以实现：利用定时器的外部时钟模式，即根据外部时钟信号进行计数，然后另外设置定时器定时中断去读取计数器的值，频率 =CNT/ 定时中断时间。MX 对 TIM2 的设置如 10-37 所示。

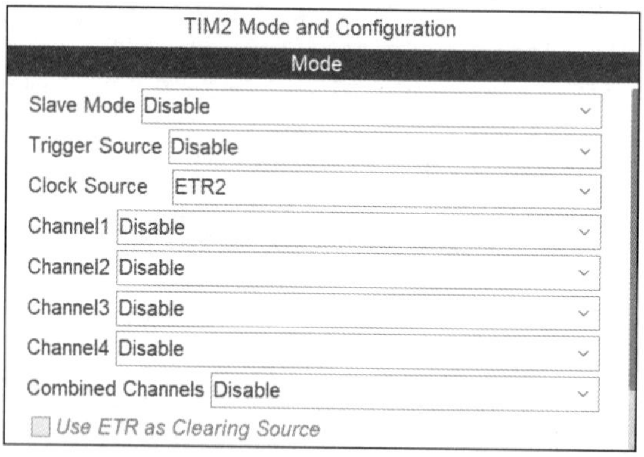

图 10-37　设置外部时钟源

两个定时器的初始化程序代码如下：

```
void MX_TIM2_Init(void)
{
    TIM_ClockConfigTypeDef sClockSourceConfig={0};
    sClockSourceConfig.ClockSource=TIM_CLOCKSOURCE_ETRMODE2;
    sClockSourceConfig.ClockPolarity=TIM_CLOCKPOLARITY_NONINVERTED;
    sClockSourceConfig.ClockPrescaler=TIM_CLOCKPRESCALER_DIV1;
    sClockSourceConfig.ClockFilter=0;
```

```
        if (HAL_TIM_ConfigClockSource(&htim2,&sClockSourceConfig)!=HAL_OK)
        {
            Error_Handler();
        }
    }
    /*TIM3 init function*/
    void MX_TIM3_Init(void)
    {
        TIM_ClockConfigTypeDef sClockSourceConfig={0};
        TIM_MasterConfigTypeDef sMasterConfig={0};
        htim3.Instance=TIM3;
        htim3.Init.Prescaler=10000-1;
        htim3.Init.CounterMode=TIM_COUNTERMODE_UP;
        htim3.Init.Period=7200-1;
        htim3.Init.ClockDivision=TIM_CLOCKDIVISION_DIV1;
        htim3.Init.AutoReloadPreload=TIM_AUTORELOAD_PRELOAD_DISABLE;
        if (HAL_TIM_Base_Init(&htim3)!=HAL_OK)
        {
            Error_Handler();
        }
    }
```

上述代码分别对应 TIM2 和 TIM3 的初始化，TIM3 实现了基本定时功能：定时 1s。在 TIM3 的中断处理函数中，获取 TIM2 的计数值，这个计数值也就是 TIM2 的时钟源 ETR 的频率。最后每隔 1s 清空 TIM2 的计数器。

```
void HAL_TIM_PeriodElapsedCallback(TIM_HandleTypeDef*htim)
{
    CNT=__HAL_TIM_GET_COUNTER(&htim2);      //读取1s内TIM2计数器计的CNT值
    __HAL_TIM_SET_COUNTER(&htim2,0);        //重新开始计数
}
```

3．采用 PWM 输入模式测量

前面的测量方式存在一定的风险，那就是定时器的时基频率不能太高、待测信号的频率不宜太高。有测试说明：当定时器频率设置为 36 MHz 时，采集 50 Hz 的信号会出现偏差。所以，通常将定时器频率设置为 1 MHz。

PWM 输入模式是输入捕获模式的高级应用，对于测量频率较高的输入信号的频率特别精确。当然，为了实现这个模式，也得做出一点牺牲。相比于基本输入捕捉功能的实现来说，PWM 输入模式中，一路输入信号同时映射到两个引脚，而且只有第一和第二通道可以配置为这种模式。换句话说，每个通用定时器只能测量一路输入信号。

为了实现 PWM 输入捕获，TIM2 占用了 2 个通道。第二通道对应引脚上的电平变化可以同时被第 1 通道和第 2 通道引脚检测到，第 1 通道已经被设置为从机。主机和从机的规则是：如果设置的是第 2 通道的 PWM 输入捕获功能，则余下的第 1 通道为从机，反之亦然。假设输入的 PWM 信号从低电平开始跳转，则在第 1 个上升沿来临时，第 1 通道和第 2 通道同时检测到这个上升沿。因为从机设置为复位模式，所以将 TIM2 的计数值复位至 0（此时并不

产生中断请求）。按照 PWM 信号的规律，下一个到来的电平边沿应该是一个下降沿，该下降沿到达时第 1 通道发生捕获时间，将当前计数值存至第 1 通道捕获 / 比较寄存器中，记为 CCR1。接着是 PWM 信号的第二个上升沿，此时通道 2 发生捕获时间，将当前计数值存至第 2 通道捕获 / 比较寄存器中，存为 CCR2。至此就完成了一次捕获的过程，该 PWM 信号的频率 f 为：$f=72$ MHz/CCR2。占空比 D 为：$D=CCR1/CCR2 \times 100\%$。MX 的设置如图 10-38 所示，设置 Slave Mode 为 Reset Mode，当 TI1FP1 上发现脉冲上升沿时清 0 计数器；需要占用两个通道，分别连接到 TI1FP1、TI1FP2。

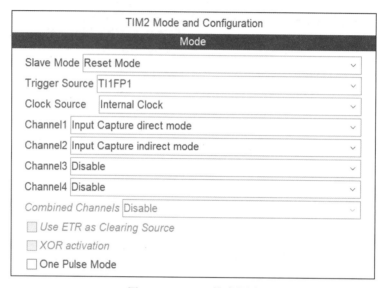

图 10-38　TIM2 模式设置

通道 1 和通道 2 的详细设置如图 10-39 所示，将 TI1 和 TI2 连接到 IC1 上。

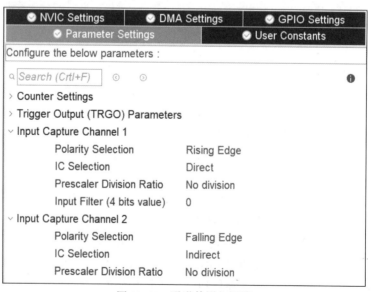

图 10-39　通道的详细设置

TIM2 的初始化代码包含时基、从模式和捕获模式的初始化，代码如下：

```
void MX_TIM2_Init(void)
{
    if (HAL_TIM_IC_Init(&htim2)!=HAL_OK)
    {
        Error_Handler();
    }
    sSlaveConfig.SlaveMode=TIM_SLAVEMODE_RESET;
    sSlaveConfig.InputTrigger=TIM_TS_TI1FP1;
    sSlaveConfig.TriggerPolarity=TIM_INPUTCHANNELPOLARITY_RISING;
    sSlaveConfig.TriggerFilter=0;
    if (HAL_TIM_SlaveConfigSynchronization(&htim2,&sSlaveConfig)!=HAL_OK)
    {
        Error_Handler();
    }
    sConfigIC.ICPolarity=TIM_INPUTCHANNELPOLARITY_RISING;
    sConfigIC.ICSelection=TIM_ICSELECTION_DIRECTTI;
    sConfigIC.ICPrescaler=TIM_ICPSC_DIV1;
    sConfigIC.ICFilter=0;
    if (HAL_TIM_IC_ConfigChannel(&htim2,&sConfigIC,TIM_CHANNEL_1)!=HAL_OK)
    {
        Error_Handler();
    }
    sConfigIC.ICPolarity=TIM_INPUTCHANNELPOLARITY_FALLING;
    sConfigIC.ICSelection=TIM_ICSELECTION_INDIRECTTI;
    if (HAL_TIM_IC_ConfigChannel(&htim2,&sConfigIC,TIM_CHANNEL_2)!=HAL_OK)
    {
        Error_Handler();
    }
}
```

在定时器捕获中断处理函数中，分别获得 PWM 波形的上升沿和下降沿时的计数值并计算频率和占空比。

```
void HAL_TIM_IC_CaptureCallback(TIM_HandleTypeDef*tim_baseHandle)
{
    uint16_t value1,value2;

    if(tim_baseHandle->Instance==TIM2)
    {
        if (__HAL_TIM_GET_FLAG(tim_baseHandle,TIM_FLAG_CC1)!=0)
        {
            value1=__HAL_TIM_GET_COMPARE(tim_baseHandle,TIM_CHANNEL_1);
            if (value2 !=0)
            {
                freq=(float)(((float)72000)/ (float)value1);
                ratio=value2 / value1;
```

```
            value1=0;
            value2=0;
        }
    }
    if (__HAL_TIM_GET_FLAG(tim_baseHandle,TIM_FLAG_CC2)!=0)
    {
        value2=__HAL_TIM_GET_COMPARE(tim_baseHandle,TIM_CHANNEL_2);
    }

    }
}
```

习　　题

1. 请编码实现使用定时器定时 1s 的案例。
2. 请编码实现输出比较波形。
3. 请编码实现呼吸灯。
4. 请编码实现按键周期检测，采用输入捕获功能。
5. 请编码实现电容按键的周期检测。
6. 请编码实现测量波形的频率与占空比。

高级控制定时器

高级控制定时器（TIM1 和 TIM8）和通用定时器在基本定时器的基础上引入了外部引脚，可以输入捕获和输出比较功能。高级控制定时器比通用定时器增加了可编程死区互补输出、重复计数器、带制动（断路）功能，这些功能都是针对工业电机控制。高级控制定时器已经包含了基本定时器和通用定时器的所有功能，需要大家认真学习。

11.1 高级控制定时器

高级控制定时器包含一个 16 位向上、向下、向上 / 向下自动装载计数器，一个 16 位计数器，一个 16 位可编程预分频器，一个 16 位计数器，预分频器的时钟源在高级控制定时器中是可选的，可选择内部的时钟和外部的时钟。图 11-1 所示为高级控制定时器的系统框图，如果能掌握系统框图，在编程时的思路就会变得很清晰。

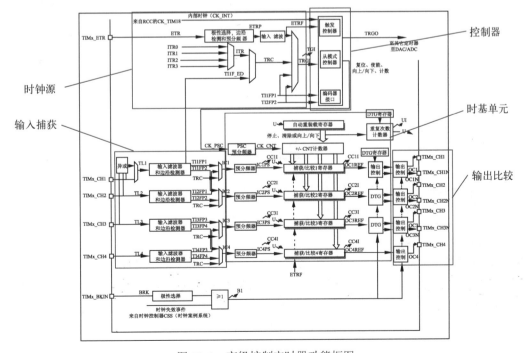

图 11-1　高级控制定时器功能框图

11.2　高级控制定时器特性

高级控制定时器 TIM1 和 TIM8 分别可以输出 3 组互补 PWM 波形，在电机驱动中，人们使用这组互补的 PWM 波形来控制每个桥的上半桥臂和下半桥臂。在第 9 章中，也提到了大功率电机、变频器等，是由大功率 MOS 管等元件所组成的 H 桥所控制。但高速的 PWM 驱动信号在驱动电机时，会由于各种原因而产生延迟的效果，这对应在 H 桥半桥臂上就使得电源短路，所以要绝对避免互补波形的种种情况。

死区是在上半桥关断后，延迟一段时间再打开下半桥，或者反过来，在下半桥关断后，上半桥延时一段时间再打开。这样做的目的就是避免两者都导通。死区如果太短，可能达不到避免短路的目的；但是如果死区过长，也会影响到 PWM 的占空比。

制动功能，相对于汽车的手刹功能，用于紧急制动，关闭 PWM 输出，并且把通道输出锁定在安全输出状态。

11.3　MX 设置与代码

高级控制定时器的应用有很多，功能也很强大，下面介绍几个基于 HAL 库的高级控制定时器的相关例程。

11.3.1　输出比较

在 MX 当中，选中 TIM1，并在右侧的 TIM1 Mode and Configuration 进行设置，首先，设置时钟源为内部时钟：72 MHz，如图 11-2 所示。

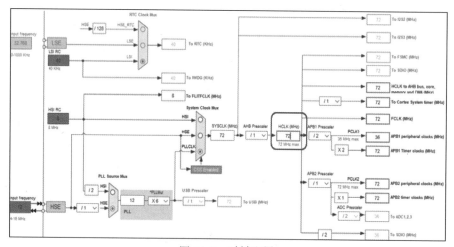

图 11-2　时钟配置

然后，设置 Channel1 为 Output Compare Channel1，从右侧的芯片引脚图可以看到，PA8 被自动设置为 TIM1_CH1，在此引脚上将会输出相应的波形、执行相应的动作，如图 11-3 所示。

为了精确控制输出比较的功能，首先针对计数的参数（Counter Settings），设置分频 4199、向上计数以及自动装载值 7199，如图 11-4 所示。根据前面章节的知识可知，TIM1 的计时周期为 (5000/72 MHz) × (7199+1)=0.5 s，也就是说输出波形的频率是 2 Hz。

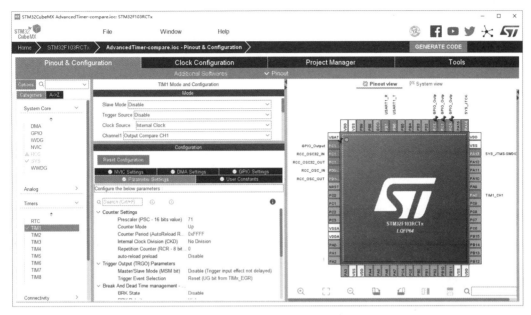

图 11-3 输出比较设置

图 11-4 输出比较的参数配置

TRGO、BRK 和 Output Configuration 的设置暂时没有用到，保持默认。

然后，在 Output Compare Channel 1 下设置 Mode 和 Pulse。此处的 Mode（模式），可以是 Frozen、Active、Inactive、Toggle 等，简单地分下类，Active 就是说当计数值与比较值匹配时，输出高电平；Inactive 输出低电平；Toggle 翻转输出电平；Frozen 则是不输出，当作一个基本的计数器在用。下图是我们设置为 Active、Inactive 和 Toggle 时的输出波形在示波器上的显示。

Pulse 指的是比较值，可以通过设置 Pulse 来改变输出波形的占空比。

设置完成后，可以通过单击 GENERATE CODE 来生成项目工程，主要的初始化代码如下。

```
sConfigOC.OCMode=TIM_OCMODE_TOGGLE;
sConfigOC.Pulse=3599;
sConfigOC.OCPolarity=TIM_OCPOLARITY_HIGH;
sConfigOC.OCNPolarity=TIM_OCNPOLARITY_HIGH;
sConfigOC.OCFastMode=TIM_OCFAST_DISABLE;
sConfigOC.OCIdleState=TIM_OCIDLESTATE_RESET;
sConfigOC.OCNIdleState=TIM_OCNIDLESTATE_RESET;
if(HAL_TIM_OC_ConfigChannel(&htim1,&sConfigOC,TIM_CHANNEL_1)!=HAL_OK)
{
    Error_Handler();
}
```

在 main() 函数当中，不要忘记通过调用 HAL_TIM_OC_Start(&htim1,TIM_CHANNEL_1) 来启动输出比较。

实际的输出波形如图 11-5 所示。

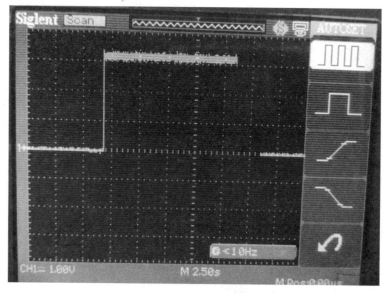

图 11-5　实际的输出波形

11.3.2　PWM 输出

在 MX 中，选择 TIM1，并在右侧的 TIM1 Mode and Configuration 中进行设置。

首先，设置时钟源为内部时钟，72 MHz（见图 11-2）；然后，设置 Channel1 为 PWM Generation CH1 CH1N，从右侧的芯片引脚图可以看到，PA8 被自动设置为 TIM1_CH1，在此引脚上将会输出 PWM 波形，如图 11-6 所示。

为了精确控制 PWM 波形，还需要进一步对其进行设置，在 Parameter Settings 中，需要进行很多的设置；如下图所示。这些参数较多，与之相对应的是 TIM1 的复杂功能，要对这些功能参数做到比较熟悉，才能够在进行配置时得心应手。

图 11-6 PWM 输出设置

首先针对计数的参数（Counter Settings），设置分频 4199、向上计数以及自动装载值 7199。根据前面章节的知识可知，TIM1 的计时周期为 (5000/72MHz)×(7199+1)=0.5 s。

TRGO、BRK 和输出配置暂时没有用到，保持默认值即可。

然后，对 PWM Generation Channel 1 进行设置，在第 10.2 节，对这些参数概念做了讲解，这里不再一一讲解。设置完成后，点击 GENERATE CODE 生成项目工程，具体设置如图 11-7 和图 11-8 所示。

图 11-7 PWM 输出的参数配置

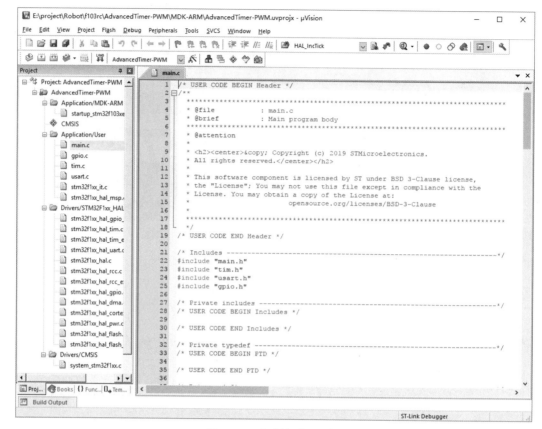

图 11-8　生成的项目工程

在定时器的初始化代码当中，有如下的代码起到了 PWM 输出配置的功能。

```c
void MX_TIM1_Init(void)
{
    TIM_ClockConfigTypeDef sClockSourceConfig={0};
    TIM_MasterConfigTypeDef sMasterConfig={0};
    TIM_OC_InitTypeDef sConfigOC={0};
    TIM_BreakDeadTimeConfigTypeDef sBreakDeadTimeConfig={0};
    htim1.Instance=TIM1;
    htim1.Init.Prescaler=4999;
    htim1.Init.CounterMode=TIM_COUNTERMODE_UP;
    htim1.Init.Period=7199;
    htim1.Init.ClockDivision=TIM_CLOCKDIVISION_DIV1;
    htim1.Init.RepetitionCounter=0;
    htim1.Init.AutoReloadPreload=TIM_AUTORELOAD_PRELOAD_DISABLE;
    if(HAL_TIM_Base_Init(&htim1)!=HAL_OK)
    {
        Error_Handler();
    }
    sClockSourceConfig.ClockSource=TIM_CLOCKSOURCE_INTERNAL;
    if (HAL_TIM_ConfigClockSource(&htim1,&sClockSourceConfig)!=HAL_OK)
```

```
{
    Error_Handler();
}
if (HAL_TIM_PWM_Init(&htim1)!=HAL_OK)
{
    Error_Handler();
}
sMasterConfig.MasterOutputTrigger=TIM_TRGO_RESET;
sMasterConfig.MasterSlaveMode=TIM_MASTERSLAVEMODE_DISABLE;
if(HAL_TIMEx_MasterConfigSynchronization(&htim1,&sMasterConfig)!=HAL_OK)
{
    Error_Handler();
}
sConfigOC.OCMode=TIM_OCMODE_PWM1;
sConfigOC.Pulse=2399;
sConfigOC.OCPolarity=TIM_OCPOLARITY_HIGH;
sConfigOC.OCNPolarity=TIM_OCNPOLARITY_HIGH;
sConfigOC.OCFastMode=TIM_OCFAST_DISABLE;
sConfigOC.OCIdleState=TIM_OCIDLESTATE_RESET;
sConfigOC.OCNIdleState=TIM_OCNIDLESTATE_RESET;
if(HAL_TIM_PWM_ConfigChannel(&htim1,&sConfigOC,TIM_CHANNEL_1)!=HAL_OK)
{
    Error_Handler();
}
sBreakDeadTimeConfig.OffStateRunMode=TIM_OSSR_DISABLE;
sBreakDeadTimeConfig.OffStateIDLEMode=TIM_OSSI_DISABLE;
sBreakDeadTimeConfig.LockLevel=TIM_LOCKLEVEL_OFF;
sBreakDeadTimeConfig.DeadTime=0;
sBreakDeadTimeConfig.BreakState=TIM_BREAK_DISABLE;
sBreakDeadTimeConfig.BreakPolarity=TIM_BREAKPOLARITY_HIGH;
sBreakDeadTimeConfig.AutomaticOutput=TIM_AUTOMATICOUTPUT_DISABLE;
if(HAL_TIMEx_ConfigBreakDeadTime(&htim1,&sBreakDeadTimeConfig)!=HAL_OK)
{
    Error_Handler();
}
HAL_TIM_MspPostInit(&htim1);

}
```

在 main() 中，采用 HAL_TIM_PWM_Start(&htim1,TIM_CHANNEL_1) 来启动管道 1 的 PWM 输出，可以通过将示波器连接到 PA8 引脚上，观测其波形。连接如图 11-9 所示。

在示波器上所观察到的波形如图11-10所示。当尝试去修改TIM1的参数时，这个波形也会发生相应的变化。

图 11-9　示波器连线

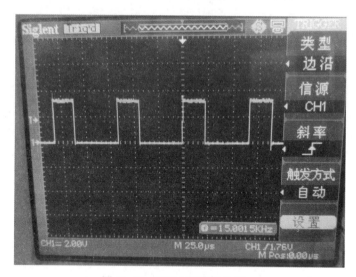

图 11-10　PWM 示波器波形

图 11-11 所示为另一种频率的 PWM 波形，同时，其占空比也与前面有所区别。取决于我们对其属下也做了相应的设置。

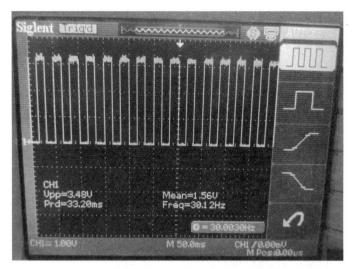

图 11-11　不同占空比 PWM 示波器波形

读者可能会发现输出比较模式和 PWM 输出模式似乎差不多，不同之处是输出比较模式在计数值和比较值匹配时可以有多个可能，例如输出低电平或高电平、翻转电平等。

读者可以将输出引脚 PA8 接到 LED 上，会发现随着 PWM 波形占空比的不断变化，LED 的亮度也会随着发生变化。

习　题

1. 请编码实现本章的案例 1（借助于高级控制定时器，实现管脚的输出比较功能）。
2. 请编码实现本章的案例 2（借助于高级控制定时器，实现 2 路 PWM 输出）。
3. 请编码实现占空比可调的 PWM（通过按键来增大或减小占空比）。
4. 请编码实现频率可调的 PWM（通过按键来控制频率）。
5. 请查找资料，尽可能多地找出高级控制定时器的应用案例。

第12章

减速电机旋转控制

本章着手实现控制直流减速电机 25GA370，综合运用本书之前的定时器、硬件原理与 HAL 的相关知识，实现控制电机的旋转。

12.1 25GA370 直流减速电机

12.1.1 电机参数

25GA370 直流减速电机是一个带编码器的直流减速电机，编码器的作用是测速，将在第 13 章讲解。有关 25GA370 直流减速电机的重要参数如下：

（1）额定电压：12 V。

（2）空载时转速 320 r/min，电流 0.8 A。

（3）最大功率点 5.53 W，转速 284 r/min，电流 0.6 A。

（4）直流电机本身转速 10 500 r/s，齿轮减速比为 34。

（5）双通道霍尔编码器为 11 线：直流电机每旋转一周输出 11 个脉冲信号，减速齿轮输出轴每旋转一周输出 11×34=374 个脉冲。

（6）输出轴直径 4mm，D 型。

（7）外径：25 mm。

电机引脚定义如图 12-1 所示。

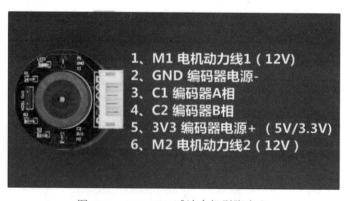

图 12-1　25GA370 减速电机引脚定义

1、6 引脚就是直流电机引脚，电机旋转和速度调节只需要这两个引脚即可。2、3、4 和
5 四个引脚是编码器功能引脚。图 12-2 所示为使用的主控电路板，在右侧有 4 个输出端口，
每一个端口可以控制一个电机，每个端口也是 6 根输出线，只需要连接其中一个端口与电机
接口即可。

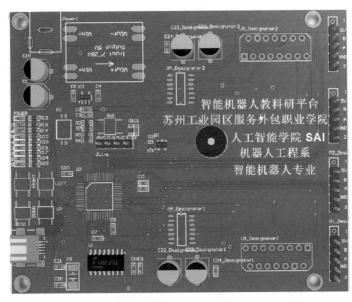

图 12-2　电机控制板

12.1.2　硬件连接

在图 12-2 中，电机控制板的右侧有 4 个外接插座，这 4 个插座通过排线连接到
25GA370。读者可以观察图 12-1 和 12-2 的引脚顺序以防连接错误。可以看出，驱动一台电
机需要 6 个引脚，除了电源线之外，还有两根 PWM 输入线和两根编码器输出线，这 4 根线
是要与单片机进行连接的，下面详细介绍这些引脚连接。

电机 1&2 的驱动引脚如图 12-3 所示。

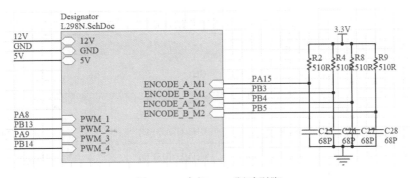

图 12-3　电机 1&2 驱动引脚

图 12-3、图 12-4 中所出现的 L298N 是电机驱动芯片，在 9.3 节"常用电机驱动方案"当
中已经进行了介绍，在此不再赘述。我们将 L298N 提供的引脚表示为 PWM_x 和 ENCODE_x，
分别表示电机驱动管脚和编码器引脚。编码器的知识将在 13 章当中进行详细介绍。

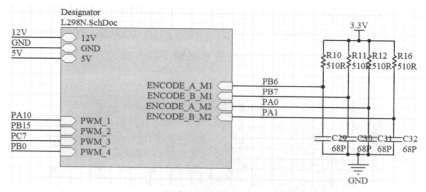

图 12-4　电机 3&4 驱动引脚

图 12-3 与图 12-4 当中所出现的驱动引脚，分别对应着定时器的不同管道。首先在数据手册当中去查找 TIM1 的对应通道，所用到的引脚都以加粗字体表示。表 12-1 所示为两个高级控制定时器 TIM1 和 TIM8 的对应通道引脚，所讲到的引脚都以加粗字体表示。

表 12-1　TIM1&TIM8 的通道引脚

TIM1	默认 IO	TIM8	默认 IO
CH1	PA8	CH1(UNUSED)	PC6
CH2	PA9	CH2	PC7
CH3	PA10	CH3(UNUSED)	PC8
CH4(UNUSED)	PA11	CH4(UNUSED)	PC9
CH1N	PB13	CH1N(UNUSED)	PA7
CH2N	PB14	CH2N	PB0
CH3N	PB15	CH3N(UNUSED)	PB1
BKIN	PB12	BKIN(UNUSED)	PA6

从表 12-1 可以看出，在本书配套的开发板硬件上主要使用的是高级控制定时器，其他定时器的引脚如表 12-2 所示。

表 12-2　其他器管道引脚

TIM2	IO	TIM3	IO	TIM4	IO	TIM5	IO
CH1	PA15	CH1	PB4	CH1	PB6	CH1	PA0
CH2	PB3	CH2	PB5	CH2	PB7	CH2	PA1
CH3(UNUSED)		CH3(UNUSED)		CH3(UNUSED)		CH3(UNUSED)	
CH4(UNUSED)		CH4(UNUSED)		CH4(UNUSED)		CH4(UNUSED)	

12.2　MX 生成工程

使用 MX 软件可以减少重复性的新建工程、配置等工作，本节讲述如何使用 MX 来生成工程并进行分析。其实，在高级控制定时器章节，已经实现了 PWM 生成功能。不过，当时是单路输出 PWM 波形，而现在为了控制电机的运转，需要输出一组对称的 PWM 波形。就是 A 路 PWM 输出高电平时，B 路输出低电平；A 输出低电平时，B 输出高电平。根据前文讲的 H 桥电机控制原理，A 和 B 这一组互补的 PWM 波形就可以控制一台电机的运转。直接进入引脚编辑界面，正如前面所说的，使用 TIM1 的 CH1 和 CH1N 通道控制 L298N 电机驱动器，这里选择定时器为 PWM 模式，如图 12-5 所示。PA8 和 PB13 两个引脚被设定为 CH1 和 CH1N，这与硬件设计必须是一致的。这里不必使能主从模式和触发源，定时器时钟源选择内部时钟即可，定时器工作模式选择 PWM 模式。定时器通道引脚分别为 CH1:PA8、CH1N:PB13。

图 12-5　引脚配置

（1）GPIO 配置。定时器通道引脚必须设置为复用功能引脚，这里选择复用功能推挽输出模式，引脚速度设置为高级别，如图 12-6 所示。

图 12-6　引脚配置

（2）定时器配置。定时器时钟可以在时钟树界面配置，确保 HCLK 的频率配置为 72MHz，如图 12-7 所示。MX 可以帮助初学者对时钟进行配置，只需要输入 72MHz，系统会自动进行频率匹配，为其他时钟设置好相应的参数。

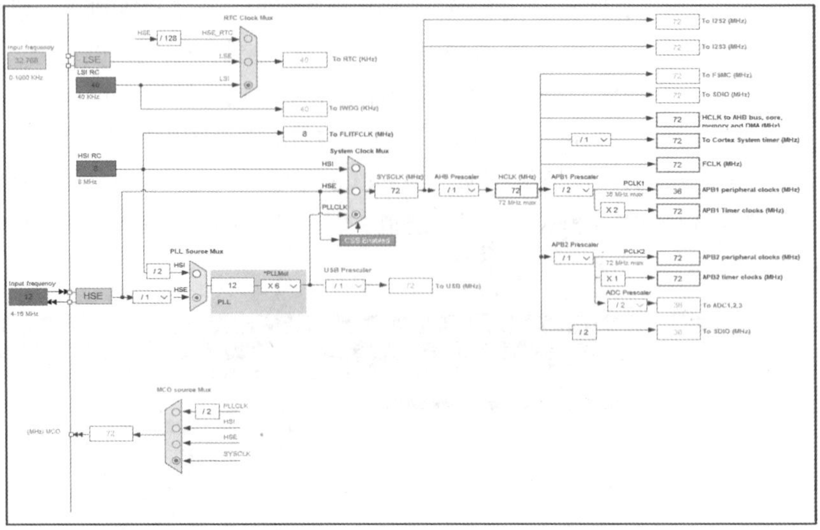

图 12-7　时钟配置

（3）定时器参数配置界面：设置定时器预分频器为 1，向上计数模式，自动重装值为 0xFFFF，内部时钟不分频，重复计数寄存器为 0。触发输出、刹车和死区时间这两部分内容在本实验中没有用到，无须配置。配置定时器的 PWM 为 PWM 模式 1，通道脉冲数为 200（图中设置为 0，在程序当中设置），使能 CH 和 CHN 输出，如图 12-8 所示。

图 12-8　定时器配置

（4）定时器中断配置如图 12-9 所示。实际上，这里不需要使用任何定时器中断。其他选项界面没有贴出来的，一般都采用默认设置即可。

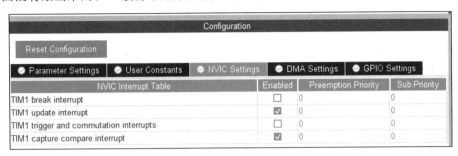

图 12-9　定时器中断配置

12.3　减速电机旋转驱动编程

12.3.1　编程流程

（1）初始化配置定时器通道引脚：复用推挽输出、高速模式。

（2）配置定时器基本环境：预分频器、计数方向、自动重装寄存器等。

（3）配置定时器时钟源：内部总线时钟。

（4）不使用定时器主从模式以及制动和死区时间。

（5）定时器比较输出模式配置：PWM 模式 1、脉冲计数值（占空比）等。

（6）启动定时器。

（7）启动定时器 PWM 通道输出。

（8）启动定时器 PWM 互补通道输出。

（9）修改定时器比较值从而改变占空比。

12.3.2　驱动代码分析

限于篇幅问题，不会把例程所有代码列出分析，只挑重点程序段分析。具体的工程代码可以看对应的例程。首先看一下对定时器的初始化代码，包括配置定时器通道和互补通道引脚，设置为复用推挽输出模式等。

```
void MX_TIM1_Init(void)
{
    TIM_ClockConfigTypeDef sClockSourceConfig={0};
    TIM_MasterConfigTypeDef sMasterConfig={0};
    TIM_OC_InitTypeDef sConfigOC={0};
    TIM_BreakDeadTimeConfigTypeDef sBreakDeadTimeConfig={0};
    htim1.Instance=TIM1;
    htim1.Init.Prescaler=1;
    htim1.Init.CounterMode=TIM_COUNTERMODE_UP;
    htim1.Init.Period=900;
    htim1.Init.ClockDivision=TIM_CLOCKDIVISION_DIV1;
```

```
htim1.Init.RepetitionCounter=0;
htim1.Init.AutoReloadPreload=TIM_AUTORELOAD_PRELOAD_DISABLE;
if (HAL_TIM_Base_Init(&htim1)!=HAL_OK)
{
    Error_Handler();
}
sClockSourceConfig.ClockSource=TIM_CLOCKSOURCE_INTERNAL;
if (HAL_TIM_ConfigClockSource(&htim1,&sClockSourceConfig)!=HAL_OK)
{
    Error_Handler();
}
if (HAL_TIM_PWM_Init(&htim1)!=HAL_OK)
{
    Error_Handler();
}
sMasterConfig.MasterOutputTrigger=TIM_TRGO_RESET;
sMasterConfig.MasterSlaveMode=TIM_MASTERSLAVEMODE_DISABLE;
if(HAL_TIMEx_MasterConfigSynchronization(&htim1,&sMasterConfig)!=HAL_OK)
{
    Error_Handler();
}
sConfigOC.OCMode=TIM_OCMODE_PWM1;
sConfigOC.Pulse=200;
sConfigOC.OCPolarity=TIM_OCPOLARITY_HIGH;
sConfigOC.OCNPolarity=TIM_OCNPOLARITY_HIGH;
sConfigOC.OCFastMode=TIM_OCFAST_DISABLE;
sConfigOC.OCIdleState=TIM_OCIDLESTATE_RESET;
sConfigOC.OCNIdleState=TIM_OCNIDLESTATE_RESET;
if(HAL_TIM_PWM_ConfigChannel(&htim1,&sConfigOC,TIM_CHANNEL_1)!=HAL_OK)
{
    Error_Handler();
}
sBreakDeadTimeConfig.OffStateRunMode=TIM_OSSR_DISABLE;
sBreakDeadTimeConfig.OffStateIDLEMode=TIM_OSSI_DISABLE;
sBreakDeadTimeConfig.LockLevel=TIM_LOCKLEVEL_OFF;
sBreakDeadTimeConfig.DeadTime=0;
sBreakDeadTimeConfig.BreakState=TIM_BREAK_DISABLE;
sBreakDeadTimeConfig.BreakPolarity=TIM_BREAKPOLARITY_HIGH;
sBreakDeadTimeConfig.AutomaticOutput=TIM_AUTOMATICOUTPUT_DISABLE;
if(HAL_TIMEx_ConfigBreakDeadTime(&htim1,&sBreakDeadTimeConfig)!=HAL_OK)
{
    Error_Handler();
}
HAL_TIM_MspPostInit(&htim1);

}
```

MX_TIM1_Init() 函数用于配置定时器工作环境。首先是定时器基本工作环境配置，设置定时器编号、预分频器、计数方向、周期等信号，然后调用 HAL_TIM_Base_Init() 函数完成定时器基本环境配置。接下来，调用 HAL_TIM_ConfigClockSource() 函数设置定时器使用内部时钟源。HAL_TIM_PWM_Init() 函数用于初始化定时器 PWM 环境。定时器主模式以及制动和死区时间这里并没有用到（当然也是可以用上的）保持默认配置。定时器输出比较配置为 PWM 模式 1，这里脉冲计数用于计算占空比大小，然后根据需要配置通道极性和空闲电平，最后调用 HAL_TIM_PWM_ConfigChannel() 函数完成定时器输出比较模式配置。

```c
int main(void)
{
    /*复位所有外设,初始化 Flash 接口和系统滴答定时器*/
    HAL_Init();
    /*配置系统时钟*/
    SystemClock_Config();
    /*高级控制定时器初始化并配置 PWM 输出功能*/
    MX_TIM1_Init();
    /*启动定时器*/
    HAL_TIM_Base_Start(&htimx_L298N);
    /*启动定时器通道和互补通道 PWM 输出*/
    HAL_TIM_PWM_Start(&htimx_L298N,TIM_CHANNEL_1);
    HAL_TIMEx_PWMN_Start(&htimx_L298N,TIM_CHANNEL_1);
    /*无限循环*/
    while(1){
        __HAL_TIM_SET_COMPARE(&htimx_L298N,TIM_CHANNEL_1,100);
        HAL_Delay(4000);
        __HAL_TIM_SET_COMPARE(&htimx_L298N,TIM_CHANNEL_1,450);
        HAL_Delay(100);
        __HAL_TIM_SET_COMPARE(&htimx_L298N,TIM_CHANNEL_1,800);
        HAL_Delay(4000);
        __HAL_TIM_SET_COMPARE(&htimx_L298N,TIM_CHANNEL_1,450);
        HAL_Delay(100);
    }
}
```

HAL_Init() 函数和 SystemClock_Config() 函数是初始化 HAL 库和配置系统时钟，MX_TIM1_Init() 用于初始化定时器引脚和配置定时器工作环境。HAL_TIM_Base_Start() 函数是 HAL 库函数，用于启动定时器基本环境，使能定时器。

HAL_TIM_PWM_Start() 函数用于启动定时器通道 PWM 输出，在调用该函数后 PWM 信号才会在通道引脚输出。它有两个形参，第一个是定时器句柄指针，第二个是指定通道。

HAL_TIMEx_PWMN_Start() 函数用于启动定时器互补通道 PWM 输出，在调用该函数后 PWM 信号才会在互补通道引脚输出。它有两个形参：第一个是定时器句柄指针；第二个是指定通道。调用上面两个函数后在引脚上就有 PWM 信号输出，此时使用示波器可以检测到的引脚波形如图 12-10 所示。

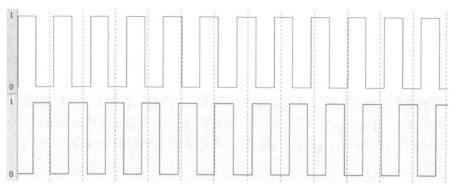

图 12-10　两路互补 PWM 信号波形

图 12-10 中，上方的波形图是 CH1 通道的，下方的波形图是 CH1N 通道的，下文就以 CH1 波形、CH1N 波形来指代这两路波形。可以看到这两路波形刚好完全相反，结合前第 11 章中对 H 桥控制电路的介绍，可以清楚地知道这样的波形是符合 H 桥控制信号要求的。我们先分析 CH1 波形的一个周期波形，它是先保持一段高电平，然后变成低电平，这里设置高电平时间为 t，总的周期时间为 T，这样 CH1 波形的占空比为：$t/T*100\%$。对应到 MX（或程序）当中的配置：定时器周期就是这里的 T；通道脉冲数是这里的 t。对应的，CH1N 波形的 PWM 波形占空比就为：$1-t/T*100\%$。根据前面的介绍，如果 CH1N 的占空比比 CH1 的占空比大，那么 IN2 就要比 IN1 保持高电平实际更长，这样整体的效果就是电机反转。但是，这个反转的速度相对来说是比较慢的。如果还不理解，举个比较极端的情况，假设 CH1 的占空比为 0，对应的 CH1N 占空比为 1，那么很明显 IN1 为 0，IN2 为 1，这样是全速反转。

12.3.3　操作与现象

根据上面介绍完成电机与控制板的连接，下载程序之后，开发板持续输出 PWM 脉冲给 L298N 驱动器，电机持续转动。同时，由于在主循环当中，不断地改变占空比，可以观察到电机的转速不断地在变化。

习　题

1. 请编码实现本章的相关案例。
2. 请编码实现死区的调整功能。
3. 请编码实现制动的功能。

第13章

编码器测速

在介绍了如何控制电机旋转（包括调速与正反转）后，为了能够形成一个闭环控制系统，还需要获取电机的实际转速，使用最多的就是通过编码器测速。

13.1 编码器的分类及原理

编码器（也称光电编码器）（见图 13-1）是将信号或数据进行编制、转换为可用以通信、传输和存储的信号形式的设备。编码器把角位移或直线位移转换成电信号，前者称为码盘，后者称为码尺。它是工业中常用的电机定位设备，可以精确地测试电机的角位移和旋转位置。光电编码器是集光、机、电技术于一体的数字化传感器，可以高精度测量被测物的转角或直线位移量。编码器最直接的作用就是可以测量位移，知道位移了就可以计算得到速度。

图 13-1 编码器

按照工作原理编码器可分为增量式和绝对式两类。增量式编码器是将位移转换成周期性的电信号，再把这个电信号转变成计数脉冲，用脉冲的个数表示位移的大小。绝对式编码器的每一个位置对应一个确定的数字码，因此它的示值只与测量的起始和终止位置有关，而与测量的中间过程无关。编码器的工作原理模型如图 13-2 所示。

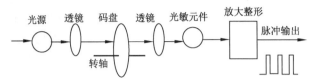

图 13-2　编码器工作原理模型

1．增量式编码器

增量式编码器通常有 3 个输出口，分别为 A 相、B 相、C 相（有的也标称为 Z 相）输出，A 相与 B 相之间相互延迟 1/4 周期（90°）的脉冲输出，根据延迟关系可以区别正反转，而且通过取 A 相、B 相的上升和下降沿可以进行 2 或 4 倍频；Z 相为单圈脉冲，即每圈发出一个脉冲。增量测量法的光栅由周期性栅条组成。位置信息通过计算自某点开始的增量数（测量步距数）获得。由于必须用绝对参考点确定位置值，因此圆光栅码盘还有一个参考点轨。将位移转换成周期性的电信号，再把这个电信号转变成计数脉冲，用脉冲的个数表示位移的大小。由一个中心有轴的光电码盘，其上有刻度线，由光电发射和接收器件读取，获得四组正弦波信号组合成 A、B、-A、-B，每个正弦波相差 90° 相位差（相对于一个周波为 360°），将 A、B 信号反向，叠加在 A、B 两相上，可增强稳定信号；另每转输出一个 C 相脉冲以代表零位参考位，如图 13-3 所示。

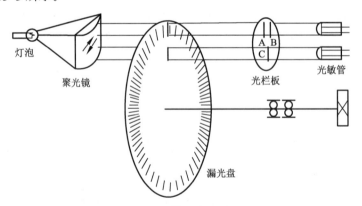

图 13-3　增量式编码器

2．绝对式编码器

绝对式编码器对应一圈每个基准的角度发出一个唯一与该角度对应二进制的数值，通过外部记圈器件可以进行多个位置的记录和测量。通过读取编码盘上的二进制的编码信息来表示绝对位置信息。编码盘是按照一定的编码形式制成的圆盘。图 13-4（a）所示为二进制的编码盘，图 13-4（b）所示为格雷码编码盘，图中空白部分是透光的，用 "0" 来表示；涂黑的部分是不透光的，用 "1" 来表示。通常将组成编码的圈称为码道，每个码道表示二进制数的一位，其中最外侧的是最低位，最里侧的是最高位。如果编码盘有 4 个码道，可形成 16 个二进制数，因此就将圆盘划分为 16 个扇区，每个扇区对应一个 4 位二进制数，如 0000、0001、…、1111。

（a）二进制编码盘　　　（b）格雷码编码盘

图 13-4　绝对式编码器

由于制造和安装精度的影响，码盘回转在交替码段过程中会产生读数误差，该误差可用格雷码盘形式避免。该盘的特点：任意相邻的两个代码间只有一位代码变化。

增量式编码器和绝对式编码器最大的区别：在增量编码器的情况下，位置是由从零位标记开始计算的脉冲数量确定的，而绝对型编码器的位置是由输出代码的读数确定的。在一圈里，每个位置的输出代码的读数是唯一的，因此当电源断开时，绝对型编码器并不与实际的位置分离；如果电源再次接通，那么位置读数仍是当前的、有效的，不像增量编码器那样，必须去寻找零位标记。

13.2 增量式编码器脉冲输入模式

由于 A、B 两相相差 90°，可通过比较 A 相在前还是 B 相在前，以判别编码器的正转与反转，通过零位脉冲，可获得编码器的零位参考位。

（1）如单相连接，用于单方向计数，单方向测速。

（2）A、B 两相连接，用于正反向计数、判断正反向和测速。

（3）A、B、Z 三相连接，用于带参考位修正的位置测量。

（4）A、A-、B、B-、Z、Z- 连接，由于带有对称负信号的连接，电流对于电缆贡献的电磁场为 0，衰减最小，抗干扰最佳，可传输较远的距离。

图 13-5 所示为增量式编码器脉冲。

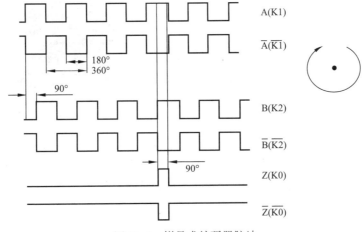

图 13-5　增量式编码器脉冲

13.3　25GA370 减速电机编码器

　　25GA370 直流减速电机（简称 25 减速电机）上集成了一个简易的测速装置，这个测速装置与上面讲解的结构有所不同，但它可以实现类似的功能，所以这里也叫作编码器。25GA370 减速电机的编码器是由一个霍尔传感器＋铁氧体磁环组成的装置。霍尔传感器是根据霍尔效应制作的一个磁场检测开关（见图 13-6），霍尔传感器有三根引脚，一根是 VCC（一般接 5V 供电），一根是 GND（电源地），还有一根是信号线，默认情况下该信号线是低电平的，当有磁场接近时（实际就是要求磁场强度达到一定值后）霍尔传感器的信号线就变为高电平；如果此时把磁场移开，信号线又变为低电平。

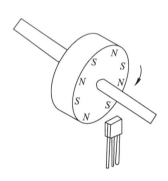

（a）霍尔传感器　　　　　　　　　　　（b）测速原理

图 13-6　霍尔传感器与霍尔测速原理

　　当轴旋转时，固定在轴上面的磁环随之旋转，霍尔传感器附近产生了变化的磁场，这样在霍尔传感器的信号引脚就可以输出高低电平的脉冲信号。25GA370 减速电机就集成了这样的编码器：使用了铁氧体磁环；有两个霍尔传感器，设计时两个霍尔传感器位置与转轴的连线是相差 90° 的；直流电机轴旋转一圈在霍尔传感器引脚有 11 个脉冲信号输出。这样可以得到一个：有 A 相、B 相的分辨率为 11 的编码器，同时因为安装结构问题，A 相和 B 相信号存在 90° 的限位差。25GA370 减速电机编码器实物图如图 13-7 所示。

图 13-7　减速电机编码器实物图

　　注意：这里的磁环是固定在直流电机转轴上的，与减速电机的输出轴是不一样的。减速电机的输出轴是经过减速齿轮变换后的，之前有介绍到该电机的减速比为 1:34，实际精准为 1:34.02。所以，如果减速电机输出轴旋转一圈，实际上可以检测到的编码器脉冲数量为 $11 \times 34.02 = 374.22$ 个，这对于计算实际位移和速度非常有用。减速电机的引脚定义如图 13-8 所示。

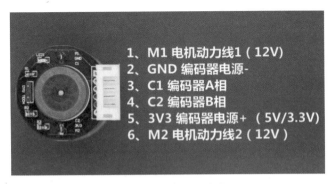

图 13-8　减速电机引脚定义

第 2、3、4、5 引脚是编码器相关引脚。对于简单的测速可以只使用 A 相或者 B 相，外加 3.3V 电源和地，三根线即可。编码器信号检测一般使用 STM32 的定时器输入捕获功能，一般把编码器 A 相或者 B 相引脚接入到 STM32 定时器通道引脚。

13.4　MX 生成工程

这里只贴出重点操作截图，并进行分析。

（1）引脚和外设功能选择，如图 13-9 所示。使用到的外设有 TIM1：用于电机旋转驱动控制 TIM2：编码器信号获取；USART2：调试串口。

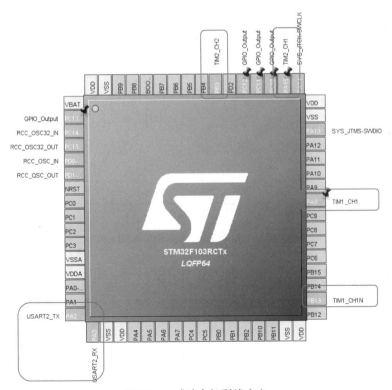

图 13-9　减速电机引线定义

（2）时钟树设置，如图 13-10 所示。通用定时器（包括 TIM3）的总线属于 APB1 总线，最高频率只有 36 MHz，但对于如果作为通用定时器时钟源允许 2 倍频，得到 72 MHz 时钟。

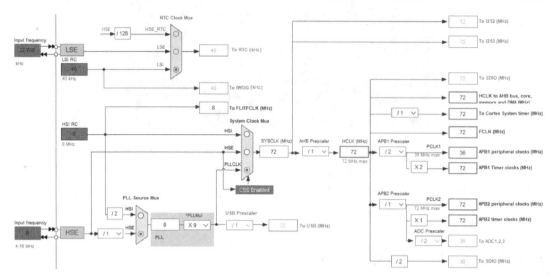

图 13-10　时钟树配置

（3）定时器通道引脚配置，如图 13-11 所示。使用 TIM2 的通道 1、通道 2 来作为电机 1 的 A、B 项，捕获其输入。

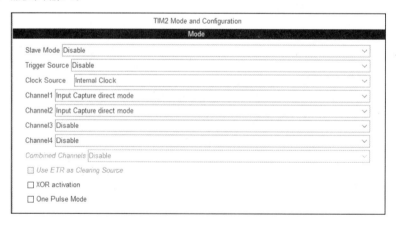

图 13-11　TIM2 通道引脚配置

13.5　减速电机编码测速编程

13.5.1　流程分析

（1）初始化按键、调试串口、控制电机旋转定时器等外设。

（2）初始化配置编码器功能定时器通道引脚。

（3）配置编码器功能定时器中断优先级。

（4）配置编码器功能定时器基本工作环境。

（5）配置编码器功能定时器使用内部时钟源。

（6）配置编码器功能定时器输入捕获功能。

（7）启动编码器功能定时器以及输入捕获中断。

（8）启动电机旋转控制定时器以及比较输出。

（9）无限循环扫描按键，处理按键调速事件。

（10）滴答定时器中断每 1s 通过串口发送一次测速结果。

13.5.2 代码分析

限于篇幅问题，不会把例程所有代码列出分析，只挑重点程序段分析。这里选择 TIM3 的通道 3 作为编码器信号检测引脚，对应于 PB0。

```
sEncoderConfig.EncoderMode          =TIM_ENCODERMODE_TIx;
  sEncoderConfig.IC1Polarity        =TIM_ICPOLARITY_RISING;
  sEncoderConfig.IC1Selection       =TIM_ICSELECTION_DIRECTTI;
  sEncoderConfig.IC1Prescaler       =TIM_ICPSC_DIV1;
  sEncoderConfig.IC1Filter          =0;
  sEncoderConfig.IC2Polarity        =TIM_ICPOLARITY_RISING;
  sEncoderConfig.IC2Selection       =TIM_ICSELECTION_DIRECTTI;
  sEncoderConfig.IC2Prescaler       =TIM_ICPSC_DIV1;
  sEncoderConfig.IC2Filter          =0;
  __HAL_TIM_SET_COUNTER(&htimx_Encoder,0);
  HAL_TIM_Encoder_Init(&htimx_Encoder,&sEncoderConfig);
  __HAL_TIM_CLEAR_IT(&htimx_Encoder,TIM_IT_UPDATE);   //清除更新中断标志位
  __HAL_TIM_URS_ENABLE(&htimx_Encoder);         //仅允许计数器溢出才产生更新中断
  __HAL_TIM_ENABLE_IT(&htimx_Encoder,TIM_IT_UPDATE); //使能更新中断

  HAL_NVIC_SetPriority(ENCODER_TIM_IRQn,0,0);
  HAL_NVIC_EnableIRQ(ENCODER_TIM_IRQn);
```

习　题

1. 请编码实现本章的相关案例。

2. 请编码实现调速和串口打印速度的调整功能。

3. 请编码实现串口调速以及串口打印速度的功能。

第14章

机器人运动模型

本章讨论几种机器人运动模型。本书所设计的移动机器人都是轮式的，需要机器人作直行、倒退、左转、右转等运动。给机器人一个速度和角度，期望机器人能够达到这个速度和角度，是机器人必须达到的基本要求。由于轮子数量、类型不同，我们分成几个小节分别进行讨论。

14.1　双轮机器人运动控制

14.1.1　机器人理想运动模型

在讨论机器人运动模型之前，先设置好机器人理想运动学模型，可以做如下假设：

（1）机器人、全向轮均为刚体，机器人运动局限在平面上。

（2）全向轮的厚度暂忽略不计。

（3）机器人运动过程中，轮子与接触面不产生相对滑动，所有轮子只发生纯滚动。

（4）机器人底盘中心在电机轴线中心上，各个全向轮的中心在同一分布圆上。

14.1.2　双轮机器人底座

本书中所采用的双轮机器人是市面上比较常见的一款机器人底座，价格比较实惠，作为入门学习比较适用，其外形如图 14-1 所示。

图 14-1　双轮机器人底座

它有 3 个轮子，最前方是一个起到辅助支撑作用的万向轮，本身没有动力；后方的 2 个轮子连接在电机轴上，为小车提供驱动力，如图 14-2 所示。

图 14-2　万向轮与普通轮子

14.1.3　双轮机器人运动模型

图 14-3 所示为对双轮机器人的运动模型进行了定义与分析，图中 XOY 坐标系是世界坐标系，在实验室环境下可以以墙角作为世界坐标系的原点，双轮机器人本体坐标系为 X_rCY_r，此处的下标 r 是 robot 的缩写，指机器人自身的坐标系。本体坐标下的 Y_r 与两轮的中轴线重合，从右轮指向左轮；X_r 指向质心运动的正前方，且与世界坐标系 X 的夹角为 θ，也称为机器人的方向角。机器人质心的线速度为 V_r，左右轮子的线速度分别为 v_1、v_r，机器人质心的角速度为 θ，左右轮子的角速度分别为 φ_1、φ_r，两轮轴线的长度为 l，轮子半径为 r。

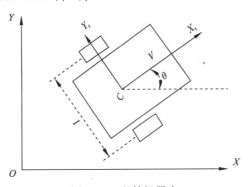

图 14-3　双轮机器人

定义机器人在世界坐标系下的速度，$V_w = \begin{bmatrix} v_{xw} & v_{yw} & \theta \end{bmatrix}^T$ 此处的下标 w 是 world 的缩写，指世界坐标系下的相关参数。在本体坐标系下的速度为 $V_r = \begin{bmatrix} v_{xy} & v_{yr} & \theta \end{bmatrix}^T$，左右轮子的角速度 $\varphi = [\varphi_1 \varphi_r]$。因为世界坐标系和本体坐标系夹角为 θ，因此可以得到转换矩阵 R 和转换关系：

$$R = \begin{bmatrix} \cos\theta & -\sin\theta & 0 \\ \sin\theta & \cos\theta & 0 \\ 0 & 0 & 0 \end{bmatrix}, \qquad V_w = RV_r = \begin{bmatrix} \cos\theta & -\sin\theta & 0 \\ \sin\theta & \cos\theta & 0 \\ 0 & 0 & 0 \end{bmatrix} \begin{bmatrix} v_{xr} & v_{yr} & \theta \end{bmatrix}^T \qquad (14\text{-}1)$$

式 (14-1) 中的 v_{xr} 和 v_{yr} 分别是机器人质心在 X_c 和 Y_c 上的线速度，θ 是质心的角速度。

因为小车沿着 X_c 方向前进，因此 v_{yr} 的值为 0；根据刚体力学知识，机器人质心的线速度等于左右两个轮子线速度的平均值，也就是存在以下公式：

$$v_{xr} = \frac{1}{2}(v_1 + v_r), \quad v_1 = r \cdot \varphi_1, \quad v_r = r \cdot \varphi_r \tag{14-2}$$

所以以下关系成立：

$$v_{xr} = \frac{r}{2}\varphi_1 + \frac{r}{2}\varphi_r \tag{14-3}$$

将式（14-2）、式（14-3）写成矩阵的形式，可以得到机器人质心速度与轮子速度的关系：

$$V_r = \begin{bmatrix} v_{xr} \\ v_{yr} \\ \dot{\theta} \end{bmatrix} = \begin{bmatrix} \dfrac{r}{2} & \dfrac{r}{2} \\ 0 & 0 \\ -\dfrac{r}{l} & \dfrac{r}{l} \end{bmatrix} \begin{bmatrix} \varphi_1 \\ \varphi_r \end{bmatrix} \tag{14-4}$$

将式（14-1）和式（14-4）整合，可以得到世界坐标系下的双轮差动机器人的运动学方程：

$$V_w = RV_r = \begin{bmatrix} \cos\theta & -\sin\theta & 0 \\ \sin\theta & \cos\theta & 0 \\ 0 & 0 & 1 \end{bmatrix} \begin{bmatrix} \dfrac{r}{2} & \dfrac{r}{2} \\ 0 & 0 \\ -\dfrac{r}{l} & \dfrac{r}{l} \end{bmatrix} \begin{bmatrix} \varphi_1 \\ \varphi_r \end{bmatrix} = \begin{bmatrix} \dfrac{r\cos\theta}{2} & \dfrac{r\cos\theta}{2} \\ \dfrac{r\sin\theta}{2} & \dfrac{r\sin\theta}{2} \\ -\dfrac{r}{l} & \dfrac{r}{l} \end{bmatrix} \begin{bmatrix} \varphi_1 \\ \varphi_r \end{bmatrix} \tag{14-5}$$

通过式（14-5），可以根据机器人的线速度与角速度来求出两个轮子的角速度。在实际应用中，上位机通常会给出 V_w，根据公式（14-5）计算出轮子的角速度，然后再转换为电机的转速、控制器的 PWM 占空比，从而达到对机器人的运动控制。

14.2 三轮全向机器人运动控制

14.2.1 全向轮

本书所用到的三轮机器人底座，采用的是 3 个全向轮，外形如图 14-4 所示。注意：3 个轮子的安装是 120° 安装。

图 14-4　三轮底座

在竞赛机器人和特殊工种机器人中，全向移动经常是一个必需的功能。"全向移动"意味着可以在平面内做出任意方向平移同时自转的动作。为了实现全向移动，一般机器人会使用"全向轮"（Omni Wheel）或"麦克纳姆轮"（Mecanum Wheel）这两种特殊轮子，如图 14-5 所示。

（a）全向轮　　　　　　　　　（b）麦克纳姆轮

图 14-5　全向轮与麦克纳姆轮

14.2.2　三轮全向运动模型

在满足理想运动模型、120° 安装的前提下，机器人的运动分析图如图 14-6 所示。

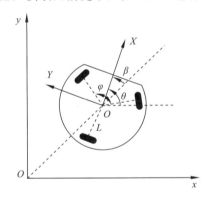

图 14-6　机器人运动分析

图 14-6 中，世界坐标系是 xoy，机器人本体坐标系是 XOY，θ 为坐标系间的夹角，也是机器人的方向角；ϕ 是驱动轮间的夹角（默认 120°）；L_1、L_2、L_3 为各全向轮中心与底盘质心的距离（默认都是 L），v_1、v_2、v_3 分别为全向轮车轮的线速度；v_x、v_y 分别是机器人在本体坐标系 XOY 的 X、Y 轴上的分量；$\dot{\theta}$ 是机器人自转的角速度。根据平面运动速度分解合成关系，可建立如下方程：

$$
\begin{bmatrix} v_1 \\ v_2 \\ v_3 \end{bmatrix} = \begin{bmatrix} -\sin(\dfrac{\phi}{2}) & \cos(\dfrac{\phi}{2}) & L \\ -\sin(\dfrac{\phi}{2}) & \cos(\dfrac{\phi}{2}) & L \\ 0 & -1 & L \end{bmatrix} \begin{bmatrix} v_x \\ v_y \\ \dot{\theta} \end{bmatrix}
\tag{14-6}
$$

将 $\phi = 120$ 代入式（14-6），可以得到以下公式：

$$\begin{cases} v_1 = -\dfrac{1}{2}\,v_x + \dfrac{\sqrt{3}}{2}\,v_y + L\theta \\[2mm] v_2 = -\dfrac{1}{2}\,v_x + \dfrac{\sqrt{3}}{2}\,v_y + L\theta \\[2mm] v_3 = v_x + L\theta \end{cases} \tag{14-7}$$

因为车轮的线速度与车轮角速度的比例关系：

$$v_i = rw_i\,(i=1,2,3) \tag{14-8}$$

式（14-8）中 w_i 是轮子的角速度，将式（14-8）代入公式（14-7），可以得到如式（14-9）所示的最终机器人运动学模型：

$$w_1 = \frac{1}{r}\left(-\frac{1}{2}\,v_x + \frac{\sqrt{3}}{2}\,v_y + L\theta\right)$$

$$w_2 = \frac{1}{r}\left(-\frac{1}{2}\,v_x + \frac{\sqrt{3}}{2}\,v_y + L\theta\right) \tag{14-9}$$

$$w_3 = \frac{1}{r}\left(v_x + L\theta\right)$$

式（14-9）揭示了机器人运动速度和轮子角速度的关系，可以通过以下几种运动关系来查看机器人的运动模型：前进、自转和左右转弯。

机器人前进：

$$v_x = 0 \quad v_y = a \quad \dot{\theta} = 0$$

$$w_1 = \frac{1}{r}\left(-\frac{\sqrt{3}}{2}\,v_y\right)$$

$$w_2 = \frac{1}{r}\left(-\frac{\sqrt{3}}{2}\,v_y\right) \tag{14-10}$$

$$w_3 = 0$$

机器人自转：

$$v_x = 0 \quad v_y = 0 \quad \dot{\theta} = \alpha$$

$$w_1 = \frac{1}{r}\left(L\theta\right)$$

$$w_2 = \frac{1}{r}\left(L\theta\right) \tag{14-11}$$

$$w_3 = \frac{1}{r}\left(L\theta\right)$$

机器人左右转弯：

$$v_x = a \quad v_y = 0 \quad \dot{\theta} = 0$$

$$w_1 = \frac{1}{r}\left(-\frac{1}{2}\,v_x\right)$$

$$w_2 = \frac{1}{r}\left(-\frac{1}{2}\,v_x\right) \tag{14-12}$$

$$w_3 = \frac{1}{r}\left(v_x\right)$$

根据机器人的实际运动模型，可以得到控制的底层函数代码如下：

```
#define VX_VALUE            (0.5f)
#define VY_VALUE            (sqrt(3)/2.f)
#define L_value             (20*0.01f)
#define RADIUS_value        (1.0/12.5*0.01f)
void Speed_Moto_Control(float vx,float vy,float vz)
{
    motor_one=(-VX_VALUE*vx+VY_VALUE*vy+L_value*vz);
    motor_two=(-VX_VALUE*vx-VY_VALUE*vy+L_value*vz);
    motor_there=(vx+L_value*vz);
}
```

习　题

1. 请在作业本上推导双轮差速机器人的运动控制方程。

2. 请在作业本上推导三轮全向机器人的运动控制方程。

3. 请在作业本上推导四轮全向机器人的运动控制方程。

4. 请查阅相关的巡检机器人资料（楼宇巡检、线路巡检等），画出它们的驱动组成部分。

5. 本书重点在讲解机器人底盘控制系统，如果需要设计机器人上层智能系统，需要哪些知识？

软件中图形符号与国家标准图形符号对照表

序　号	软件中图形符号	国家标准图形符号
1		
2		
3		
4		
5		
6		
7		
8		
9		
10		
11		